Ina Kersten

Algebra

erschienen in der Reihe der Universitätsdrucke
im Universitätsverlag Göttingen 2006

Ina Kersten

Algebra

LaTeX-Bearbeitung von
Ole Riedlin

Universitätsverlag Göttingen
2006

Bibliographische Information der Deutschen Nationalbibliothek

Die Deutsche Nationalbibliothek verzeichnet diese Publikation in der Deutschen Nationalbibliographie; detaillierte bibliographische Daten sind im Internet über <http://dnb.ddb.de> abrufbar

Anschrift der Autorin
Prof. Dr. Ina Kersten
Bunsenstraße 3–5
37073 Göttingen
http://www.uni-math.gwdg.de/kersten/
kersten@uni-math.gwdg.de

Satz und Layout: Ina Kersten und Ole Riedlin
Graphiken: Ben Müller

© 2006 Universitätsverlag Göttingen
http://univerlag.uni-goettingen.de
ISBN-10: 3-938616-61-X
ISBN-13: 978-3-938616-61-1

Vorwort

Dieser Universitätsdruck enthält den Stoff der Vorlesung *Algebra*, die ich im WS 2000/01 an der Universität Göttingen gehalten habe. Gegenüber dem ursprünglichen Vorlesungsskript, das von dem damaligen Studenten OLE RIEDLIN in LATEXgesetzt worden ist, haben sich hier einige Änderungen ergeben, zum Beispiel sind etliche Übungsaufgaben hinzugefügt worden. Die Abschnitte 3.8 und 10.12 sind damals von Dipl.-Math. MICHAEL ADAM geschrieben und hier so übernommen worden.

Dieser Universitätsdruck setzt die ebenfalls als Universitätsdruck erschienene Reihe *Analytische Geometrie und Lineare Algebra* (AGLA) fort und dient im WS 2006/07 als Begleittext zur Vorlesung Algebra. In den Vorlesungsstunden gibt es, wie auch schon in AGLA I,II, eine von BEN MÜLLER vorbereitete elektronische Präsentation des Lernstoffs, und der Begleittext dient zum Vor- und Nacharbeiten.

Soweit Ergebnisse aus AGLA I,II benutzt werden, werden sie hier stets wiederholt. Dabei wird dann die Stelle angegeben, an der man den Beweis nachlesen kann, z. B. in Form von „vgl. AGLA 11.4".

Danken möchte ich an dieser Stelle allen Personen, durch deren Mitwirkung und Einsatz das Erscheinen dieses Bandes ermöglicht wurde.

September 2006 *Ina Kersten*

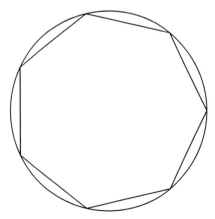

Das regelmäßige 7-Eck ist nicht mit Zirkel und Lineal konstruierbar.

Schreibweisen und Bezeichnungen

Abkürzende Schreibweisen

$A := B$ A ist definitionsgemäß gleich B
$\exists$ es gibt
$\forall$ für alle
$\implies$ folgt
$\iff$ genau dann, wenn
$\setminus$ ohne
$\square$ Ende des Beweises
$|M|$ Anzahl der Elemente einer Menge M
$m \in M$ m ist Element der Menge M
$M \subset N$ M ist Teilmenge von N (d.h. $m \in M \implies m \in N$)
$a \leqslant b$ a ist kleiner oder gleich b
$a < b$ a ist kleiner als b
$H \triangleleft G$ H ist Normalteiler in G

Standardbezeichnungen

$\mathbb{N} := \{1, 2, 3, \ldots\}$ Menge der natürlichen Zahlen
$\mathbb{Z} := \{0, \pm 1, \pm 2, \pm, \ldots\}$ Ring der ganzen Zahlen
$\mathbb{Q}$ Körper der rationalen Zahlen
$\mathbb{R}$ Körper der reellen Zahlen
$\mathbb{C}$ Körper der komplexen Zahlen
$\emptyset$ Leere Menge (besitzt kein Element)

R^* Gruppe der Einheiten im Ring R
$\text{Aut}(L)$ Gruppe der Automorphismen von L
$\text{Aut}_K(L)$ Gruppe der K-Automorphismen von L

K bezeichne einen beliebigen Körper (sofern nichts anderes gesagt wird) und L eine Körpererweiterung von K

Das griechische Alphabet

A α Alpha, B β Beta, Γ γ Gamma, Δ δ Delta, E ε Epsilon, Z ζ Zeta, H η Eta, Θ θ Theta, I ι Jota, K κ Kappa, Λ λ Lambda, M μ My, N ν Ny, Ξ ξ Xi, O o Omikron, Π π Pi, P ρ Rho, Σ σ ς Sigma, T τ Tau, Υ υ Ypsilon, Φ ϕ Phi, X χ Chi, Ψ ψ Psi, Ω ω Omega

Inhaltsverzeichnis

0	**Worum geht es?**	**13**
Gruppen		**17**
1	Die Isomorphiesätze der Gruppentheorie	17
	1.1 Einige Grundbegriffe	17
	1.2 Aussagen über Bild und Urbild	19
	1.3 Homomorphiesatz	20
	1.4 Ein Untergruppenkriterium	20
	1.5 Erster Noetherscher Isomorphiesatz	21
	1.6 Zweiter Noetherscher Isomorphiesatz	22
	1.7 Übungsaufgaben 5 – 10	22
2	Die Sylowschen Sätze	24
	2.1 Hilfssatz über Binomialkoeffizienten	24
	2.2 Abzählformel und Bahnformel	25
	2.3 Erster Sylowscher Satz	26
	2.4 Satz von Cauchy	27
	2.5 Gruppen der Ordnung 6	27
	2.6 p-Gruppen	28
	2.7 p-Sylowgruppen	28
	2.8 Zweiter Sylowscher Satz	29
	2.9 Folgerungen	29
	2.10 Der Normalisator einer Untergruppe	30
	2.11 Dritter Sylowscher Satz	31
	2.12 Satz von Lagrange	31
	2.13 Gruppen der Ordnung 15	32
	2.14 Übungsaufgaben 11 – 16	34
3	Strukturaussagen über einige Gruppen	35
	3.1 Die Klassengleichung	35
	3.2 Das Zentrum einer p-Gruppe ist nicht-trivial .	36
	3.3 Existenz von Normalteilern in p-Gruppen	36
	3.4 Zyklische Gruppen	37

3.5	Gruppen der Ordnung p^2	37
3.6	Gruppen der Ordnung $2p$	38
3.7	Direkte Produkte von Normalteilern	39
3.8	Endliche abelsche Gruppen	40
3.9	Übungsaufgaben 17 – 22	42

4 Auflösbare Gruppen — 43

4.1	Definition einer auflösbaren Gruppe	43
4.2	Beispiele	43
4.3	Untergruppen und Bilder auflösbarer Gruppen	43
4.4	Verfeinerung von Normalreihen	44
4.5	Kommutatorgruppen	46
4.6	Beispiele	46
4.7	Iterierte Kommutatorgruppen	47
4.8	Kriterium für Auflösbarkeit mit Kommutatoren	48
4.9	Übungsaufgaben 23–26	48

5 Exkurs über Permutationsgruppen — 49

5.1	Symmetrische Gruppe S_n	49
5.2	Zyklen	50
5.3	Kanonische Zyklenzerlegung einer Permutation	50
5.4	Das Vorzeichen einer Permutation	51
5.5	Alternierende Gruppe A_n	53
5.6	Einfachheit von A_n für $n \geqslant 5$	53
5.7	S_n ist für $n \geqslant 5$ nicht auflösbar	55
5.8	Bemerkung über Transpositionen	55
5.9	Übungsaufgaben 27 – 30	56

Ringe — 57

6 Grundbegriffe der Ringtheorie — 57

6.1	Definition eines Ringes	57
6.2	Einheiten und Nullteiler	58
6.3	Beispiele	58
6.4	Unterringe	59
6.5	Ideale	59
6.6	Summe, Durchschnitt und Produkt von Idealen	60
6.7	Erzeugung von Idealen	61
6.8	Hauptidealringe	61
6.9	Ringhomomorphismen	62
6.10	Quotientenringe	63
6.11	Quotientenkörper	64
6.12	Polynomringe	65
6.13	Der Grad eines Polynoms	66
6.14	Hilbertscher Basissatz	67

	6.15 Übungsaufgaben 31 – 35	68
7	Restklassenringe	69
	7.1 Kongruenzen	69
	7.2 Rechnen mit Restklassen	70
	7.3 Ideale im Restklassenring	71
	7.4 Primideale und maximale Ideale	71
	7.5 Das Zornsche Lemma	72
	7.6 Existenz maximaler Ideale	73
	7.7 Der Homomorphiesatz für Ringe	73
	7.8 Chinesischer Restsatz	73
	7.9 Übungsaufgaben 36 – 40	76
8	Teilbarkeit in kommutativen Ringen	77
	8.1 Division mit Rest im Polynomring	77
	8.2 Nullstellen und Linearfaktoren	77
	8.3 Euklidische Ringe	78
	8.4 ggT und kgV	79
	8.5 Irreduzible Elemente und Primelemente	80
	8.6 Assoziierte Elemente	81
	8.7 Eindeutigkeit von Primfaktorzerlegungen	81
	8.8 Primfaktorzerlegung in Hauptidealringen	82
	8.9 Faktorielle Ringe	82
	8.10 Existenz von ggT und kgV in faktoriellen Ringen	83
	8.11 Spezielle Version des Chinesischen Restsatzes	84
	8.12 Beispiele für Körper	84
	8.13 Übungsaufgaben 41 – 44	85
9	Primfaktorzerlegung in Polynomringen	86
	9.1 Hilfssatz über Primelemente	86
	9.2 Primitive Polynome	86
	9.3 Übergang zum Quotientenkörper von R	87
	9.4 Satz von Gauß	88
	9.5 Umkehrung des Satzes von Gauß	88
	9.6 Wann ist ein Polynomring ein Hauptidealring?	88
	9.7 Eisensteinsches Irreduzibilitätskriterium	89
	9.8 Eisensteinpolynome	90
	9.9 Irreduziblitätsnachweis durch Substitution	90
	9.10 Das p-te Kreisteilungspolynom	90
	9.11 Reduktionssatz	91
	9.12 Beispiel zum Reduktionssatz	92
	9.13 Übungsaufgaben 45 – 48	92
10	R-Moduln	93
	10.1 Links- und Rechtsmoduln	93
	10.2 Beispiele für R-Moduln	93

10.3	R-Modulhomomorphismen	94
10.4	Untermoduln	94
10.5	Erzeugendensysteme	94
10.6	Beispiele für freie Moduln	95
10.7	Definition des Tensorprodukts	95
10.8	Universelle Eigenschaft des Tensorproduktes	96
10.9	Folgerungen	96
10.10	Das Tensorprodukt von direkten Summen	97
10.11	Tensorprodukt mit einem freien Modul	97
10.12	Hauptsatz über endlich erzeugte abelsche Gruppen	98
10.13	Übungsaufgaben 49–50	103

Körper   105

11 Grundbegriffe der Körpertheorie   105

11.1	Wiederholung der Definition eines Körpers	105
11.2	Teilkörper und Körpererweiterungen	105
11.3	Erzeugung und Adjunktion	106
11.4	Isomorphismen und K-Isomorphismen	106
11.5	Die Charakteristik eines Integritätsrings	107
11.6	Primkörper	107
11.7	Der Grad einer Körpererweiterung	108
11.8	Algebraische und transzendente Elemente	109
11.9	Das Minimalpolynom	109
11.10	Satz über den Grad des Minimalpolynoms	109
11.11	Beispiele	110
11.12	Charakterisierung algebraischer Elemente	111
11.13	Einfache Körpererweiterungen	111
11.14	Übungsaufgaben 51 – 54	112

12 Algebraische Körpererweiterungen   113

12.1	Endliche und algebraische Körpererweiterungen	113
12.2	Der algebraische Abschluss von K in L	114
12.3	Die Eigenschaft „algebraisch" ist transitiv	114
12.4	Existenz von Nullstellen in Körpererweiterungen	114
12.5	Existenz eines Zerfällungskörpers	115
12.6	Differenziation und mehrfache Nullstellen	116
12.7	Übungsaufgaben 55 – 59	117

13 Normale Körpererweiterungen   118

13.1	Ein Fortsetzungslemma	118
13.2	Eindeutigkeit des Zerfällungskörpers	119
13.3	Endliche normale Körpererweiterungen	119
13.4	Einbettung in eine normale Erweiterung	120
13.5	Der Satz vom primitiven Element	120

Inhaltsverzeichnis

13.6 Übungsaufgaben 60–64 122
14 Endliche Körper 123
   14.1 Satz über die Ordnung von Gruppenelementen 123
   14.2 Endliche Untergruppen von K^* sind zyklisch 124
   14.3 Anzahl der Elemente eines endlichen Körpers 124
   14.4 Der Körper mit p^n Elementen 125
   14.5 Kleiner Satz von Fermat 125
   14.6 Satz von Wilson 126
   14.7 Übungsaufgaben 65 – 69 126

Galoistheorie   127

15 Galoiserweiterungen 127
   15.1 Fixkörper 127
   15.2 Wirkung einer endlichen Untergruppe von $\mathrm{Aut}(L)$ 128
   15.3 Beispiel 129
   15.4 Der Grad über dem Fixkörper 129
   15.5 Die Galoisgruppe einer Körpererweiterung 130
   15.6 Satz über die Ordnung der Galoisgruppe 130
   15.7 Definition einer Galoiserweiterung 131
   15.8 Charakterisierung von Galoiserweiterungen 131
   15.9 Einbettung in eine Galoiserweiterung 132
   15.10 Übungsaufgaben 70 – 71 132

16 Hauptsatz der Galoistheorie 133
   16.1 Hauptsatz 133
   16.2 Beispiel 134
   16.3 Wann ist ein Zwischenkörper galoissch über K? 134
   16.4 Beispiel 135
   16.5 Abelsche und zyklische Erweiterungen 136
   16.6 Zwischenkörper einer zyklischen Erweiterung 136
   16.7 Der Frobenius-Homomorphismus 137
   16.8 Vollkommene Körper 137
   16.9 Bemerkung über Zwischenkörper 138
   16.10 Übungsaufgaben 72 – 74 138

Anwendungen und Ergänzungen   139

17 Einheitswurzelkörper 139
   17.1 Einheitswurzeln 139
   17.2 Die Eulersche φ-Funktion 140
   17.3 Primitive n-te Einheitswurzeln 141
   17.4 Der n-te Einheitswurzelkörper ist abelsch 141
   17.5 Das n-te Kreisteilungspolynom 141
   17.6 Irreduzibilität in $\mathbb{Q}[X]$ 143

17.7	Übungsaufgaben 75–76	144

18 Auflösbarkeit von Gleichungen 145

18.1	Galoisgruppe eines Polynoms	145
18.2	Radikalerweiterung	145
18.3	Galoisgruppe einer reinen Gleichung	145
18.4	Lineare Unabhängigkeit von Charakteren	146
18.5	Kompositum von Zwischenkörpern	147
18.6	Gleichungen mit auflösbarer Galoisgruppe	148
18.7	Durch Radikale auflösbare Gleichungen	148
18.8	Nicht auflösbare Gleichungen vom Grad p	149
18.9	Rationaler Funktionenkörper	150
18.10	Symmetrische Funktionen	151
18.11	Die allgemeine Gleichung n-ten Grades	152
18.12	Übungsaufgaben 77–80	153

19 Konstruierbarkeit mit Zirkel und Lineal 154

19.1	Konstruktion von Senkrechten und Parallelen	154
19.2	Lemma über konstruierbare Punkte	155
19.3	Wurzeln konstruierbarer Punkte	157
19.4	Algebraische Formulierung der Konstruierbarkeit	157
19.5	Konstruierbare Punkte haben 2-Potenzgrad	159
19.6	Delisches Problem der Würfelverdoppelung	160
19.7	Problem der Quadratur des Kreises	160
19.8	Problem der Winkeldreiteilung	160
19.9	Regelmäßige n-Ecke	161

20 Algebraischer Abschluss eines Körpers 162

20.1	Algebraisch abgeschlossene Körper	162
20.2	Definition des algebraischen Abschlusses	163
20.3	Polynomringe in beliebig vielen Unbestimmten	163
20.4	Existenz des algebraischen Abschlusses	164
20.5	Eindeutigkeit des algebraischen Abschlusses	165
20.6	Universelle Eigenschaft des Polynomrings	166

Literaturverzeichnis   **168**

Index   **169**

0 Worum geht es?

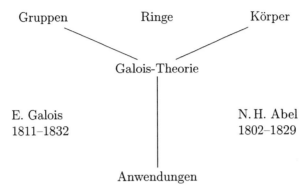

Als Anwendung der Galoistheorie erhalten wir Ergebnisse über die Auflösbarkeit von Gleichungen

$$\boxed{c_n x^n + c_{n-1} x^{n-1} + \cdots + c_1 x + c_0 = 0}$$

in einer Variablen x. Die Koeffizienten $c_0, \ldots, c_n$ liegen in einem Körper K, und die Lösungen liegen in einem geeigneten Erweiterungskörper L von K. Ist $c_n \neq 0$, so heißt n der *Grad der Gleichung*. Man dividiert dann alle Koeffizienten $c_0, \ldots, c_n$ durch c_n und erhält eine Gleichung der Form:

$$x^n + a_{n-1} x^{n-1} + \cdots + a_1 x + a_0 = 0$$

mit $a_0, \ldots, a_{n-1} \in K$.

0.1 Quadratische Gleichungen

Die Gleichung $x^2 + ax + b = 0$ hat bekanntlich (falls $1+1 \neq 0$) die Lösungen

$$x_{1,2} = -\frac{a}{2} \pm \sqrt{\frac{a^2}{4} - b}$$

0.2 Kubische Gleichungen

Seien $1 + 1 \neq 0$ und $1 + 1 + 1 \neq 0$ in K. Betrachte die Gleichung

(∗) $\qquad x^3 + ax^2 + bx + c = 0 \quad \text{mit} \quad a, b, c \in K$

Mit Hilfe der *Tschirnhausen-Transformation* $x = z - \frac{a}{3}$ aus dem Jahre 1683 geht die Gleichung (∗) in eine Gleichung der Form $z^3 + pz + q = 0$ über (mit $p, q \in K$). Hierfür gibt es die von CARDANO 1545 veröffentlichte Auflösungsformel.

Cardano-Formeln. (FERRO (1465–1526), TARTAGLIA (1500–1557))
Die Gleichung $x^3 + px + q = 0$ mit komplexen Koeffizienten p, q hat die Lösungen

$$x_1 = u + v, \quad x_2 = -\frac{u+v}{2} + \frac{u-v}{2}\sqrt{-3}, \quad x_3 = -\frac{u+v}{2} - \frac{u-v}{2}\sqrt{-3},$$

wobei $u = \sqrt[3]{-\frac{q}{2} + \sqrt{D}}$ und $v = \sqrt[3]{-\frac{q}{2} - \sqrt{D}}$ mit $D = \left(\frac{p}{3}\right)^3 + \left(\frac{q}{2}\right)^2$ gilt und die komplexen dritten Wurzeln so bestimmt werden, dass $3uv = -p$ ist.

Bemerkung. Für die Lösungen $x_1, x_2, x_3 \in L$ von $(*)$ gilt:

$$(x - x_1)(x - x_2)(x - x_3) =$$
$$x^3 - \underbrace{(x_1 + x_2 + x_3)}_{\in K}x^2 + \underbrace{(x_1 x_2 + x_1 x_3 + x_2 x_3)}_{\in K}x - \underbrace{x_1 x_2 x_3}_{\in K}$$

Die Koeffizienten liegen in K, wie später bewiesen wird.
Koeffizientenvergleich mit $(*)$ ergibt:

$$\boxed{x_1 + x_2 + x_3 = -a} \quad \boxed{x_1 x_2 + x_1 x_3 + x_2 x_3 = b} \quad \boxed{x_1 x_2 x_3 = -c}$$

0.3 Biquadratische Gleichungen

$$\boxed{x^4 + ax^3 + bx^2 + cx + d = 0 \quad \text{mit} \quad a, b, c, d \in K}$$

Spezialfall: $a = c = 0$. Durch die Substitution $x^2 = z$ geht dann die Gleichung in $z^2 + bz + d = 0$ über und lässt sich mit Hilfe von (0.1) lösen. Sonst führt die *Tschirnhausen-Transformation* $x = z - \frac{a}{4}$ auf eine Gleichung der Form $z^4 + pz^2 + qz + r = 0$ mit $p, q, r \in K$. Hierfür gibt es die Auflösungsformeln von FERRARI, die CARDANO 1545 veröffentlicht hat.

Cardano-Formeln. (FERRARI (1522-1565), Schüler von CARDANO)
Die Lösungen der Gleichung $x^4 + px^2 + qx + r = 0$ mit komplexen Koeffizienten p, q, r sind (im Fall $1 + 1 \neq 0$)

$$x_1 = \frac{1}{2}\left(\sqrt{-y_1} + \sqrt{-y_2} + \sqrt{-y_3}\right)$$
$$x_2 = \frac{1}{2}\left(\sqrt{-y_1} - \sqrt{-y_2} - \sqrt{-y_3}\right)$$
$$x_3 = \frac{1}{2}\left(-\sqrt{-y_1} + \sqrt{-y_2} - \sqrt{-y_3}\right)$$
$$x_4 = \frac{1}{2}\left(-\sqrt{-y_1} - \sqrt{-y_2} + \sqrt{-y_3}\right),$$

wobei y_1, y_2, y_3 die Lösungen der *kubischen Resolvente*

$$y^3 - 2py^2 + (p^2 - 4r)y + q^2 = 0$$

sind und die Wurzeln so gewählt werden, dass $\sqrt{-y_1} \cdot \sqrt{-y_2} \cdot \sqrt{-y_3} = -q$ gilt.

Bemerkung. Aus der Galois-Theorie folgt, dass die Gleichung

$$x^n + a_{n-1}x^{n-1} + \cdots + a_1 x + a_0 = 0$$

im Allgemeinen für $n \geqslant 5$ nicht durch Wurzelausdrücke lösbar ist, wie dies für $n = 2, 3, 4$ möglich ist. Man sagt, dass die allgemeine Gleichung n-ten Grades ab $n \geqslant 5$ nicht durch Radikale lösbar sei.

0.4 Konstruktionen mit Zirkel und Lineal

Wann ist ein geometrisches Konstruktionsproblem mit Zirkel und Lineal lösbar? Das Lineal darf nur zum Ziehen von Geraden, aber nicht zum Ablesen von Werten benutzt werden!
Sei $M \subset \mathbb{R}^2$ eine Menge mit mindestens zwei Punkten, $G(M)$ die Menge aller Geraden, die zwei Punkte von M enthalten (Stichwort: Lineal), $K(M)$ die Menge aller Kreise mit Mittelpunkt aus M, deren Radius der Abstand zweier Punkte aus M ist (Stichwort: Zirkel).
Sei $M' \supset M$ die Menge aller Punkte aus $\mathbb{R}^2$, die in M liegen oder die man durch Anwenden *einer* der folgenden Operationen aus M erhält.

(O1) Schnitt zweier Geraden aus $G(M)$

(O2) Schnitt einer Geraden aus $G(M)$ mit einem Kreis aus $K(M)$

(O3) Schnitt zweier Kreise aus $K(M)$

Setze

$$M_0 = M, \; M_1 = M'_0, \; M_2 = M'_1, \; \ldots, \; M_{n+1} = M'_n, \; \ldots$$

und erhalte so eine Kette von Punktmengen der Ebene

$$M = M_0 \subset M_1 \subset \cdots \subset M_n \subset \cdots$$

Definition. Sei $M \subset \mathbb{R}^2$ eine Menge mit mindestens zwei Punkten. Die Vereinigung $\widehat{M} = \bigcup_{n=0}^{\infty} M_n$ heißt die *Menge aller aus M mit Zirkel und Lineal konstruierbaren Punkte.*

Beispiel (Konstruktion des Mittelpunktes einer Strecke $\overline{p_1p_2}$).
Sei $M = M_0 = \{p_1, p_2\}$. Dann gilt $q_1, q_2 \in M_1 = M_0'$, wobei q_1 und q_2 die Schnittpunkte der Kreise mit Radius $\overline{p_1p_2}$ um p_1 und um p_2 sind und also durch Operation (O3) gewonnen sind.
Der Schnittpunkt m der Geraden durch q_1 und q_2 mit der Geraden durch p_1 und p_2 gehört zu $M_2 = M_1'$ und wird aus der Operation (O1) gewonnen. Es ist m der gesuchte Mittelpunkt der Strecke $\overline{p_1p_2}$.

0.5 Delisches Problem der Kubusverdopplung

Zu einem vorgegebenen Würfel soll ein Würfel doppelten Volumens mit Zirkel und Lineal konstruiert werden.
Es ist $M = \{p_1, p_2\}$, wobei der Abstand a zwischen p_1, p_2 die Kantenlänge des Würfels ist. Der Würfel doppelten Volumens hat die Kantenlänge $\sqrt[3]{2}\,a$.
Frage: Gehört ein Punkt q, der von p_1 den Abstand $\sqrt[3]{2}\,a$ hat, zu $\widehat{M}$?
Die Antwort ist nein. Die Würfelverdopplung mit Zirkel und Lineal ist nicht möglich, wie wir sehen werden. Auch die Dreiteilung des Winkels $\frac{\pi}{3}$ ist nicht mit Zirkel und Lineal möglich, ebenso wie die Quadratur des Kreises.

Übungsaufgaben 1 – 4

Eine Lösung der Gleichung $x^3 - 1 = 0$ wird *dritte Einheitswurzel* genannt.

Aufgabe 1. Man löse die Gleichung $x^3 + 6x + 2 = 0$ in $\mathbb{C}$.

Aufgabe 2. Man löse die Gleichung $x^4 - x + \frac{1}{2} = 0$ in $\mathbb{C}$.

Aufgabe 3. Man löse die Gleichung $x^3 - 1 = 0$ in $\mathbb{C}$ und zeige:

(a) Für jede dritte Einheitswurzel ζ gilt $\overline{\zeta} = \zeta^2 = \zeta^{-1}$.

(b) Für jede dritte Einheitswurzel $\zeta \neq 1$ gilt $1 + \zeta + \zeta^2 = 0$.

(c) Für $u, v \in \mathbb{C}$ gilt:
$u^3 = v^3 \iff u = \zeta v$ mit einer dritten Einheitswurzel ζ.

Aufgabe 4. Seien $p, q \in \mathbb{R}$ und $D = \left(\frac{p}{3}\right)^3 + \left(\frac{q}{2}\right)^2$. Man ermittle in den Fällen $D = 0$, $D > 0$ und $D < 0$ jeweils, ob das Polynom $f(x) = x^3 + px + q$ mehrfache Nullstellen besitzt und welche Nullstellen von $f(x)$ reell sind.
Hinweis. Man benutze die Cardano-Formeln für kubische Gleichungen.

Gruppen

1 Die Isomorphiesätze der Gruppentheorie

Lernziel.
<u>Fertigkeiten</u>: Einfachere Beweise bezüglich Gruppenhomomorphie, Untergruppen und Faktorgruppen führen
<u>Kenntnisse</u>: Normalteiler, Faktorgruppe, Homomorphiesatz, Isomorphiesätze

1.1 Einige Grundbegriffe

1.1.1 Gruppe

Eine *Gruppe* ist eine Menge G mit einer *Verknüpfung*
$$G \times G \to G, \ (a,b) \mapsto a \circ b,$$
derart, dass gilt:

(G1) $(a \circ b) \circ c = a \circ (b \circ c)$ für alle $a, b, c \in G$

(G2) Es gibt ein *neutrales Element* $e \in G$ mit $e \circ a = a$ für alle $a \in G$

(G3) Zu jedem $a \in G$ gibt es ein *Inverses* $a^{-1} \in G$ mit $a^{-1} \circ a = e$.

Gilt zusätzlich $a \circ b = b \circ a$ für alle $a, b \in G$, so heißt G *abelsch* oder *kommutativ*.
Ist G eine Gruppe, so gilt $a \circ e = a$ und $a \circ a^{-1} = e$ für alle $a \in G$. Das neutrale Element e und die Elemente a^{-1} sind eindeutig bestimmt (vgl. AGLA 1.5).

Schreibweisen: Den Verknüpfungskringel $\circ$ lassen wir meist weg (wenn keine Verwechslungen zu befürchten sind). Ist die Verknüpfung eine Multiplikation $\cdot$, so schreiben wir für das neutrale Element oft 1. Ist die Verknüpfung $+$, schreiben wir $-a$ statt a^{-1} und 0 statt e.

1 Die Isomorphiesätze der Gruppentheorie

1.1.2 Homomorphismus von Gruppen

Seien G, G' zwei Gruppen mit neutralen Elementen e von G und e' von G'.
Eine Abbildung $f\colon G \to G'$ heißt *Homomorphismus*, falls

$$f(ab) = f(a) \circ f(b)$$

für alle $a, b \in G$ gilt, wobei $\circ$ die Verknüpfung in G' ist. Ein bijektiver Homomorphismus von Gruppen heißt *Isomorphismus*.
Ist $f\colon G \to G'$ ein Homomorphismus, so gilt $f(e) = e'$ und $f(a^{-1}) = (f(a))^{-1}$ für alle $a \in G$ (vgl. AGLA 11.6).

1.1.3 Untergruppe

Eine Teilmenge H einer Gruppe G heißt *Untergruppe* von G, falls gelten:

(i) für alle $a, b \in H$ gilt auch $ab \in H$ (*Abgeschlossenheit*)

(ii) wenn $a \in H$, dann ist auch $a^{-1} \in H$

(iii) es gilt $e \in H$.

Eine Untergruppe ist eine Gruppe.

1.1.4 Nebenklasse

Seien G eine Gruppe, $a \in G$ fest und H eine Untergruppe von G. Dann heißt die Teilmenge $aH := \{ah \mid h \in H\} \subset G$ eine *Linksnebenklasse von H in G*. Analog ist eine *Rechtsnebenklasse* $Ha := \{ha \mid h \in H\}$ definiert.

1.1.5 Normalteiler

Eine Untergruppe H einer Gruppe G heißt *Normalteiler* in G, falls

$$\boxed{aHa^{-1} \subset H \text{ für jedes } a \in G}$$

Dabei ist $aHa^{-1} = \{aha^{-1} \mid h \in H\}$. Ist H Normalteiler in G, so schreibt man $H \triangleleft G$. Es gilt

$$\boxed{H \triangleleft G} \iff \boxed{aHa^{-1} = H \,\forall a \in G} \iff \boxed{aH = Ha \,\forall a \in G}$$

(Beweis in AGLA 11.14).

1.1.6 Faktorgruppe

Wenn eine Untergruppe H einer Gruppe G Normalteiler ist, dann ist die Menge der Linksnebenklassen $G/H := \{aH \mid a \in G\}$ eine Gruppe. Die Verknüpfung in G/H ist wohldefiniert durch $aH \cdot bH := abH$, und das neutrale Element ist H, vgl. AGLA 11.15. Die Gruppe G/H heißt *Faktorgruppe von G nach H*.
Ein Beispiel ist die additve Gruppe $\mathbb{Z}/n\mathbb{Z}$, (vgl. auch AGLA 11.4.5).

1.1.7 Zentrum einer Gruppe

Satz.
Für jede Gruppe G ist das Zentrum $Z(G) := \{x \in G \mid xa = ax \ \forall a \in G\}$ ein Normalteiler in G.

Beweis. Seien $x, y \in Z := Z(G)$. Dann gilt $ya = ay$ und also $xya = xay$ für alle $a \in G$. Da $x \in Z$ ist, folgt $xya = axy$ für alle $a \in G$ und daher $xy \in Z$. Ferner gilt $ax^{-1} = x^{-1}a$ für alle $a \in G$ nach Definition von Z und also $x^{-1} \in Z$. Da $e \in Z$ ersichtlich gilt, folgt nun, dass das Zentrum Z eine Untergruppe von G ist.
Es gilt $x = axa^{-1} \in Z$ für alle $a \in G$ und $x \in Z$ nach Definition von Z, und also ist Z Normalteiler in G. □

1.2 Aussagen über Bild und Urbild

Seien $f \colon G \to H$ ein Homomorphismus von Gruppen, U eine Untergruppe von G und V eine Untergruppe von H. Dann heißt die Menge

$$f(U) := \{h \in H \mid h = f(u) \text{ für ein } u \in U\}$$

das *Bild von U in H* und die Menge

$$f^{-1}(V) := \{g \in G \mid f(g) \in V\}$$

das *Urbild von V in G*. Es gelten:

(i) Das Bild $f(U)$ ist eine Untergruppe von H, und das Urbild $f^{-1}(V)$ ist eine Untergruppe von G.

(ii) Ist V Normalteiler in H, so ist $f^{-1}(V)$ Normalteiler in G. Insbesondere ist $\ker(f) := \{g \in G \mid f(g) = e_H\}$, wobei e_H das neutrale Element in H ist, ein Normalteiler in G.

(iii) Ist U ein Normalteiler in G und ist f surjektiv, dann ist $f(U)$ ein Normalteiler in H.

Beweis. **(i):** Sind $h = f(u)$ und $h' = f(u')$ in $f(U)$, so folgt $hh' = f(u)f(u') = f(uu') \in f(U)$ und $(f(u))^{-1} = f(u^{-1}) \in f(U)$. Da $e_H = f(e_G)$ und $e_G \in U$ gilt, ist $e_H \in f(U)$. Also ist $f(U)$ Untergruppe von H.
Seien $f(g), f(g') \in V$ für $g, g' \in G$. Dann ist $f(g^{-1}g') = f(g)^{-1}f(g') \in V$, da V eine Untergruppe von H ist, und also $g^{-1}g' \in f^{-1}(V)$. Da $f(e_G) = e_H$ und $e_H \in V$ gilt, ist $e_G \in f^{-1}(V)$. Also ist $f^{-1}(V)$ eine Untergruppe von G.

(ii): Sei $u \in f^{-1}(V)$, also $f(u) \in V$, und sei $a \in G$. Dann gilt $f(aua^{-1}) = f(a)f(u)f(a)^{-1} \in V$, da $V \triangleleft H$. Es folgt $aua^{-1} \in f^{-1}(V)$ und $f^{-1}(V) \triangleleft G$. Für $V = \{e_H\}$ folgt die zweite Behauptung, da dann $\text{kern}(f) = f^{-1}(V)$ gilt.

(iii): Zu zeigen: $hf(u)h^{-1} \in f(U)$ für $h \in H, u \in U$. Da f surjektiv ist, folgt $h = f(g)$ mit einem $g \in G$. Dies ergibt $hf(u)h^{-1} = f(g)f(u)f(g)^{-1} = f(gug^{-1}) \in f(U)$, denn es ist $gug^{-1} \in U$ wegen $U \triangleleft G$. □

1.3 Homomorphiesatz

Seien G und G' Gruppen und $f \colon G \to G'$ ein Gruppenhomomorphismus.

Satz.
Ist $f \colon G \to G'$ surjektiv, so induziert f einen Isomorphismus

$$\bar{f} \colon G/\text{kern}(f) \xrightarrow{\sim} G', \quad a\,\text{kern}(f) \mapsto f(a).$$

Beweis. Siehe AGLA 11.16. □

1.4 Ein Untergruppenkriterium

Satz.
Seien U, V Untergruppen einer Gruppe G und $UV := \{uv \mid u \in U, v \in V\}$. Dann gilt:

$$\boxed{UV \text{ ist Untergruppe von } G} \quad \Longleftrightarrow \quad \boxed{UV = VU}$$

Beweis. „$\Longrightarrow$": Sei UV eine Untergruppe von G. Zu zeigen: $UV = VU$.

„$\subset$": Sei $uv \in UV$ mit $u \in U, v \in V$. Dann ist $(uv)^{-1} \in UV$, da UV Untergruppe ist. Es folgt $(uv)^{-1} = u_1 v_1$ mit $u_1 \in U$ und $v_1 \in V$. Dies ergibt $uv = (u_1 v_1)^{-1} = v_1^{-1} u_1^{-1} \in VU$. Also ist $UV \subset VU$.

„$\supset$": Seien $v \in V$ und $u \in U$. Wegen $v = ev \in UV$ und $u = ue \in UV$ gilt dann $vu = ev \cdot ue \in UV$, da UV eine Untergruppe ist. Damit ist $VU \subset UV$.

„⇐": Sei $UV = VU$. Zu zeigen: UV ist Untergruppe von G.

(1) Es ist $e = ee \in UV$.

(2) Ist $uv \in UV$, so ist $(uv)^{-1} = v^{-1}u^{-1} \in VU = UV$.

(3) Seien $u_1v_1, u_2v_2 \in UV$. Zu zeigen: $u_1v_1u_2v_2 \in UV$.
Da $VU = UV$ gilt, gibt es $u_3 \in U$ und $v_3 \in V$ mit $v_1u_2 = u_3v_3$.
Es folgt $u_1v_1u_2v_2 = u_1u_3 \cdot v_3v_2 \in UV$ wegen $u_1u_3 \in U$ und $v_3v_2 \in V$.

□

1.5 Erster Noetherscher Isomorphiesatz

Satz.
Seien U eine Untergruppe und N ein Normalteiler in einer Gruppe G. Dann gelten:

(a) *UN ist eine Untergruppe von G.*

(b) *$U \cap N$ ist ein Normalteiler in U.*

(c) *Der Homomorphismus $\varphi \colon U \to G/N$, $u \mapsto uN$, induziert einen Gruppenisomorphismus*

$$\boxed{U/(U \cap N) \xrightarrow{\sim} UN/N, \; u(U \cap N) \mapsto uN}.$$

Beweis. (a) Es gilt $UN = \bigcup_{u \in U} uN \underset{1.1.5}{=} \bigcup_{u \in U} Nu = NU$. Also ist UN eine Untergruppe von G nach 1.4.

(b) Wir zeigen: $\ker \varphi = U \cap N$

„⊂": Sei $u \in \ker \varphi$. Dann ist $u \in U$, und es gilt $N = \varphi(u) = uN$. Damit gilt $u \in N$, also $u \in U \cap N$.

„⊃": Sei jetzt $u \in N \cap U$. Dann ist $\varphi(u) = uN = N$, und es gilt $u \in \ker \varphi$.

Aus $U \cap N = \ker \varphi$ folgt nun $U \cap N \triangleleft U$, vgl. 1.2 (ii).

(c) Nach 1.3 induziert φ einen Isomorphismus $U/(U \cap N) \to UN/N$.

□

1.6 Zweiter Noetherscher Isomorphiesatz

Ist N Normalteiler in einer Gruppe G, so nennt man den Homomorphismus $\pi\colon G \to G/N$, $g \mapsto gN$, *kanonisch* (oder *kanonischen Restklassenhomomorphismus*). Der kanonische Homomorphismus π ist surjektiv.

Satz.
Seien M, N zwei Normalteiler in einer Gruppe G, und sei $N \subset M$. Dann ist M/N Normalteiler in G/N, und die Komposition der kanonischen Homomorphismen

$$\varphi\colon G \xrightarrow{\pi} G/N \to (G/N)/(M/N)$$

induziert einen Isomorphismus

$$G/M \xrightarrow{\sim} (G/N)/(M/N).$$

Beweis. Es ist $\pi(M) = M/N$ und π surjektiv. Also ist M/N Normalteiler in G/N nach 1.2 (iii). Da $\ker \varphi = M$ ist, folgt die Behauptung aus dem Homomorphiesatz 1.3. □

Lernerfolgstest.
- Zeigen Sie, dass die Verknüpfung für die Faktorgruppe in 1.1.6 wohldefiniert ist.
- Sei $f\colon G \to G'$ ein Isomorphismus von Gruppen. Zeigen Sie, dass die Umkehrabbildung von f ein Homomorphismus ist.
- Wie lauten die Definitionen für Gruppe, Gruppenhomomorphismus, Untergruppe, Normalteiler, Nebenklasse und Faktorgruppe?
- Wie lauten der Homomorphiesatz und die Isomorphiesätze?

1.7 Übungsaufgaben 5 – 10

Aufgabe 5.
Man untersuche, welche der folgenden Teilmengen Untergruppen sind:

(a) Die Menge der n-ten Einheitswurzeln in $\mathbb{C}^* := \mathbb{C} \setminus \{0\}$ bezüglich Multiplikation. Dabei ist eine n-te Einheitswurzel eine Lösung der Gleichung $X^n - 1 = 0$ in $\mathbb{C}$.

(b) Die Menge $\{1, -1, i, -i\}$ in $\mathbb{C}^*$ bezüglich Multiplikation.

(c) Die Menge $\{x \in G \mid xa = ax \;\forall\, a \in G\}$, wobei G eine Gruppe ist.

Aufgabe 6.
Man untersuche, welche der folgenden Abbildungen Gruppenhomomorphismen sind:

(a) $f_1 \colon \mathbb{Z} \to \mathbb{Z}$, $z \mapsto 2z$,

(b) $f_2 \colon \mathbb{Z} \to \mathbb{Q}^*$, $z \mapsto z^2 + 1$, wobei $\mathbb{Q}^* := \mathbb{Q} \setminus \{0\}$,

(c) $f_3 \colon \mathbb{C}^* \to \mathbb{R}^*$, $z \mapsto |z|$, wobei $\mathbb{R}^* := \mathbb{R} \setminus \{0\}$ und $\mathbb{C}^* := \mathbb{C} \setminus \{0\}$,

(d) $f_4 \colon \mathbb{C} \to \mathbb{R}$, $z \mapsto |z|$.

Dabei ist die Verknüpfung in $\mathbb{Z}$, $\mathbb{R}$ und $\mathbb{C}$ jeweils die Addition sowie in $\mathbb{R}^*$, $\mathbb{Q}^*$ und $\mathbb{C}^*$ jeweils die Multiplikation.

Aufgabe 7.
Man zeige: Ist N Normalteiler in einer Gruppe G, so ist N Normalteiler in jeder Untergruppe G' von G, die N enthält.

Aufgabe 8.
Man zeige: Gilt $x^2 = e$ für alle Elemente x einer Gruppe G, so ist G kommutativ.

Aufgabe 9.
Sei G eine Gruppe und $Z = \{x \in G \mid xa = ax \ \forall a \in G\}$. Man konstruiere einen Gruppenhomomorphismus, der Z als Kern hat, und folgere daraus, dass Z Normalteiler in G ist.

Aufgabe 10.
Sei $S_n := \{\sigma \colon \{1,\ldots,n\} \to \{1,\ldots,n\} \mid \sigma \text{ bijektiv}\}$ die in AGLA 11.4.2 eingeführte symmetrische Gruppe, und sei $V_4 := \{e,a,b,c\}$ eine Teilmenge von S_4 mit $e = \mathrm{id}$ und

$$a = \begin{pmatrix} 1 & 2 & 3 & 4 \\ 2 & 1 & 4 & 3 \end{pmatrix}, \quad b = \begin{pmatrix} 1 & 2 & 3 & 4 \\ 3 & 4 & 1 & 2 \end{pmatrix}, \quad c = \begin{pmatrix} 1 & 2 & 3 & 4 \\ 4 & 3 & 2 & 1 \end{pmatrix}.$$

(i) Man zeige, dass V_4 eine Untergruppe von S_4 ist, die zudem Normalteiler in S_4 ist.

(ii) Man zeige, dass $S_3 V_4 = S_4$ gilt.

(iii) Man benutze den 1. Isomorphiesatz, um zu zeigen, dass $S_4/V_4 \simeq S_3$ gilt.

2 Die Sylowschen Sätze

Lernziel.
Fertigkeiten: Anspruchsvollere Beweise nachvollziehen
Kenntnisse: Sylowsche Sätze mit Anwendungen

Die nach dem norwegischen Mathematiker L. SYLOW (1832–1918) benannten Sylowschen Sätze sind drei fundamentale Sätze über endliche Gruppen. Sie machen Aussagen über die Existenz von Untergruppen, deren Ordnung eine Primzahlpotenz ist. Die schönen, eleganten Beweise der Sylowschen Sätze, die wir hier vorführen, stammen von H. WIELANDT aus dem Jahre 1959 und sind also erst ungefähr 100 Jahre später gefunden worden.

Sei $n \in \mathbb{N}$ und p eine Primzahl, die n teilt (Schreibweise: $p \mid n$). Dann ist $n = p^r m$, wobei $r > 0$ und m nicht mehr durch p teilbar ist (Schreibweise: $p \nmid m$).

Beispiel.

$$60 = 2 \cdot 2 \cdot 3 \cdot 5 \qquad (Primfaktorzerlegung)$$
$$= 2^2 \cdot 15 \qquad p = 2,\ m = 15 \text{ und } 2 \nmid 15$$
$$= 3 \cdot 20 \qquad p = 3,\ m = 20 \text{ und } 3 \nmid 20$$
$$= 5 \cdot 12 \qquad p = 5,\ m = 12 \text{ und } 5 \nmid 12$$

2.1 Hilfssatz über Binomialkoeffizienten

Satz.
Sei $n = p^r m$ mit $p \nmid m$ und $r > 0$, und sei $0 \leqslant s \leqslant r$. Dann ist die Zahl $\binom{n}{p^s}$ nicht durch p^{r-s+1} teilbar. Insbesondere ist $\binom{n}{p^r}$ nicht durch p teilbar.

Beweis. Für $s = 0$ ist $\binom{n}{1} = n = p^r m$ nicht durch p^{r+1} teilbar, da $p \nmid m$. Sei $s > 0$. Es ist

$$\binom{n}{p^s} = \frac{n!}{p^s!(n-p^s)!} = \frac{n(n-1)\cdots(n-(p^s-1))}{p^s(p^s-1)\cdots(p^s-(p^s-1))} = p^{r-s} m \prod_{k=1}^{p^s-1} \frac{n-k}{p^s-k}$$

da p^s wegen $n = p^r m$ gekürzt werden kann. Es ist $\prod_{k=1}^{p^s-1} \frac{n-k}{p^s-k} = \binom{n-1}{p^s-1} \in \mathbb{N}$. Wegen der Eindeutigkeit der Primfaktorzerlegung ist nur noch zu zeigen:

$$p \nmid \prod_{k=1}^{p^s-1} \frac{n-k}{p^s-k}$$

Betrachte jeden Faktor $\frac{n-k}{p^s-k}$ einzeln. Da $k < p^s$ ist, lässt sich k schreiben als $k = p^t \ell$ mit $p \nmid \ell$ und $0 \leqslant t < s$. Daraus folgt

$$n - k = p^r m - p^t \ell = p^t(p^{r-t} m - \ell),$$
$$p^s - k = p^s - p^t \ell = p^t(p^{s-t} - \ell).$$

Also sind $n - k$ und $p^s - k$ beide durch p^t teilbar, aber $p^{r-t} m - \ell$ und $p^{s-t} - \ell$ sind nicht durch p teilbar, weil $p \nmid \ell$ und $s > t$. Also teilt p keinen der Faktoren $\frac{n-k}{p^s-k}$ und damit auch nicht das Produkt. □

2.2 Abzählformel und Bahnformel

Sei G eine endliche Gruppe, und sei H eine Untergruppe von G.

Definition.
Der *Index von H in G* die Anzahl der Linksnebenklassen von H in G.

Wir benutzen die Schreibweisen $(G : H)$ für den Index und $|M|$ für die Anzahl der Elemente einer Menge M. Nach AGLA 11.8 gilt die

Abzählformel: $(G : H) = \frac{|G|}{|H|}$.

Die Gruppe G *operiere* auf einer nichtleeren Menge X, d.h. es gebe eine Abbildung

$$G \times X \to X, \ (g, x) \mapsto g \cdot x,$$

mit folgenden Eigenschaften:

(1) $e \cdot x = x$ für alle $x \in X$, wobei e das neutrale Element in G sei,

(2) $(gg') \cdot x = g \cdot (g' \cdot x)$ für alle $x \in X$, $g, g' \in G$.

Wir definieren für jedes $x \in X$ die *Bahn von x* als

$$G \cdot x := \{g \cdot x \mid g \in G\}$$

und den *Stabilisator von x* als

$$\mathrm{Stab}(x) := \{g \in G \mid g \cdot x = x\}.$$

Der Stabilisator $\mathrm{Stab}(x)$ ist eine Untergruppe von G (nach AGLA 11.22). Es gilt $|G \cdot x| = (G : \mathrm{Stab}(x))$ (vgl. AGLA 11.22 (3)), und daher ergibt sich aus der Abzählformel die **Bahnformel:**

$$|G \cdot x| = \frac{|G|}{|\mathrm{Stab}(x)|} .$$

2.3 Erster Sylowscher Satz

Definition.
Die *Ordnung* einer endlichen Gruppe G ist die Anzahl der Elemente von G.

Satz.
Sei G eine endliche Gruppe der Ordnung $n = p^r m$, wobei p eine Primzahl sei, die m nicht teilt. Dann gibt es zu jedem s mit $1 \leqslant s \leqslant r$ eine Untergruppe von G der Ordnung p^s.

Beweis. Sei $M := \{T \subset G \mid |T| = p^s\}$ die Menge aller Teilmengen T von G mit p^s Elementen. Dann operiert G auf M durch

$$G \times M \to M, \ (g, T) \mapsto gT,$$

denn mit T ist auch $gT = \{gt \mid t \in T\}$, wobei gt die Verknüpfung in G ist, ein Element von M. Ferner ist M nach Definition eine endliche Menge, die

$$|M| = \binom{n}{p^s}$$

Elemente besitzt. Da M nach AGLA 11.21 die disjunkte Vereinigung von Bahnen ist, gilt andererseits

$$|M| = \sum_{B \text{ Bahn}} |B|,$$

wobei jede Bahn B die Form $B = GT := \{gT \mid g \in G\}$ mit $T \in M$ hat. Da $|M|$ nach 2.1 nicht durch p^{r-s+1} teilbar ist, gibt es also mindestens eine Bahn $B_0 = GT_0$ mit $p^{r-s+1} \nmid |B_0|$. Es ist dann $U := \mathrm{Stab}(T_0)$ die gesuchte Untergruppe von G, wobei $|U| = p^s$ noch zu zeigen ist.

Aus der Bahnformel 2.2 folgt

(1) $$|G| = |B_0| \cdot |U|$$

und also $|B_0| \leqslant p^{r-s} m$ nach Wahl der Bahn B_0. Es folgt

$$p^{r-s} m \, p^s = |G| \underset{(1)}{=} |B_0| \cdot |U| \leqslant p^{r-s} m \cdot |U|$$

und daher $p^s \leqslant |U|$. Sei $t \in T_0$. Dann ist $Ut \subset T_0$ nach Definition von $U := \mathrm{Stab}(T_0) := \{g \in G \mid gT_0 = T_0\}$. Da zudem $|T_0| = p^s$ gilt, folgt

$$|U| = |Ut| \leqslant |T_0| = p^s$$

und also $|U| = p^s$. $\square$

2.4 Satz von Cauchy

Als Anwendung des ersten Sylowschen Satzes erhalten wir den Satz von Cauchy.

Definition.
Sei G eine Gruppe mit neutralem Element e, und sei $a \in G$. Dann ist die *Ordnung von a* die kleinste natürliche Zahl k mit der Eigenschaft $a^k = e$ oder ∞, falls es ein solches k nicht gibt.

Satz. (A. L. CAUCHY 1789–1859)
Ist G eine endliche Gruppe und p eine Primzahl, die die Ordnung von G teilt, dann enthält G ein Element der Ordnung p.

Beweis. Nach dem ersten Sylowschen Satz 2.3 enthält G eine Untergruppe H der Ordnung p. Nach dem Satz von Lagrange (vgl. AGLA 11.11) teilt die Ordnung eines Elementes einer Gruppe stets die Gruppenordnung. Da $|H| = p$ eine Primzahl ist, enthält H ein Element der Ordnung p. □

2.5 Gruppen der Ordnung 6

Mit Hilfe des Satzes von Cauchy können wir nun bis auf Isomorphie alle Gruppen der Ordnung 6 bestimmen. Allgemeiner werden wir in 3.6 mit Hilfe der Sylowschen Sätze bis auf Isomorphie alle Gruppen der Ordnung $2p$ für jede Primzahl p bestimmen.

Satz.
Bis auf Isomorphie gibt es genau zwei Gruppen der Ordnung 6.

Beweis. Sei G eine Gruppe der Ordnung $|G| = 3 \cdot 2$. Dann enthält G nach dem Satz von Cauchy ein Element a der Ordnung 3 und ein Element b der Ordnung 2. Es folgt $G = \{e, a, a^2, b, ab, a^2b\}$, da $|G| = 6$ und diese Elemente alle verschieden sind.
(Wäre etwa $ab = a^2b$, so würde $b = ab$ und $e = a$ folgen: Widerspruch! Und aus $a^2 = b$ ergäbe sich $a^4 = b^2$ und wiederum $a = e$ wegen $a^3 = e$ und $b^2 = e$: Widerspruch!)

Es ist $ba \in G$, da G eine Gruppe ist. Also gilt $ba = ab$ oder $ba = a^2b$, denn alle anderen Möglichkeiten führen zum Widerspruch:
- $ba \neq b$, weil sonst $a = e$ wäre,
- $ba \neq e$, da sonst $a = b^{-1} = b$ und also $\mathrm{ord}(a) = 2$ wäre,
- $ba \neq a$, weil sonst $b = e$ wäre,
- $ba \neq a^2$, weil sonst $b = a$ wäre.

Damit erhalten wir höchstens zwei Möglichkeiten, die Gruppentafel für G aufzustellen, nämlich

1. mit den Relationen $a^3 = e$, $b^2 = e$, $ba = ab$
2. mit den Relationen $a^3 = e$, $b^2 = e$, $ba = a^2b$

Da es bis auf Isomorphie mindestens zwei Gruppen der Ordnung 6 gibt, nämlich die abelsche Gruppe $\mathbb{Z}/6\mathbb{Z}$ und die nicht-abelsche symmetrische Gruppe S_3, folgt die Behauptung. $\square$

2.6 p-Gruppen

Definition.
Sei p eine Primzahl. Eine Gruppe G heißt *p-Gruppe*, falls die Ordnung eines jeden Elementes von G eine p-Potenz ist.

Satz.
Ist G eine endliche Gruppe, so gilt:
$$G \text{ ist eine } p\text{-Gruppe} \iff |G| \text{ ist eine } p\text{-Potenz.}$$

Beweis. „$\Longrightarrow$": Wenn es eine Primzahl $q \neq p$ gäbe, die $|G|$ teilt, so würde G nach dem Satz von Cauchy 2.4 ein Element der Ordnung q enthalten und also keine p-Gruppe sein.

„$\Longleftarrow$": Nach dem Satz von Lagrange (AGLA 11.11) ist die Ordnung eines jeden Elementes von G ein Teiler von $|G|$.

$\square$

2.7 p-Sylowgruppen

Definition.
Sei G eine Gruppe der Ordnung $n = p^r m$, wobei p eine Primzahl sei, die m nicht teilt, und sei $r > 0$. Jede Untergruppe von G der Ordnung p^r heißt dann eine *p-Sylowgruppe*.

Es gelten

- Nach dem ersten Sylowschen Satz 2.3 gibt es zu jedem Primteiler p von $|G|$ eine p-Sylowgruppe in G (Fall $r = s$ in 2.3).

- Ist H eine p-Sylowgruppe in G, so ist der Index $(G : H)$ nicht durch p teilbar.
  Denn es ist nach der Abzählformel $(G : H) = \frac{|G|}{|H|} = \frac{p^r m}{p^r} = m$, und es gilt $p \nmid m$.

2.8 Zweiter Sylowscher Satz

Satz.
Seien G eine endliche Gruppe, H eine p-Sylowgruppe in G und U eine Untergruppe von G der Ordnung p^s mit $s \geqslant 0$. Dann gibt es $g \in G$ so, dass $U \subset gHg^{-1}$ gilt.

Beweis. Sei $M = \{gH \mid g \in G\}$ die Menge der Linksnebenklassen von H. Dann ist $|M| = (G : H) = m$ mit $p \nmid m$ nach 2.7. Die Gruppe U operiert auf M durch
$$U \times M \to M, \ (u, gH) \mapsto ugH.$$

Da M die disjunkte Vereinigung von Bahnen ist (vgl. AGLA 11.21), folgt
$$p \nmid m = \sum_{B \text{ Bahn}} |B|.$$

Also gibt es eine Bahn $B_0 := Ug_0H := \{ug_0H \mid u \in U\}$ mit einem $g_0 \in G$, für die $p \nmid |B_0|$ gilt. Andererseits folgt aus der Bahnformel 2.2
$$|B_0| \cdot |\text{Stab}(g_0H)| = |U| = p^s,$$
so dass $|B_0| = 1$ gelten muss wegen $p \nmid |B_0|$. Es folgt
$$B_0 := \{ug_0H \mid u \in U\} = \{g_0H\}.$$

Für alle $u \in U$ gilt also $ug_0H = g_0H$. Insbesondere gilt $ug_0 \in g_0H$ für alle $u \in U$, also $u \in g_0Hg_0^{-1}$ für alle $u \in U$. Das beweist $U \subset g_0Hg_0^{-1}$. $\square$

2.9 Folgerungen

Korollar.
(a) *Ist eine Untergruppe U von G eine p-Gruppe, so ist U in einer p-Sylowgruppe von G enthalten.*

(b) *Je zwei p-Sylowgruppen sind konjugiert in G
(d.h. es gibt $g \in G$ mit $H' = gHg^{-1}$ für p-Sylowgruppen H, H' in G).*

(c) *Eine p-Sylowgruppe H ist genau dann Normalteiler in G, wenn sie die einzige p-Sylowgruppe in G ist.*

Beweis. (a) Nach 2.3 gibt es eine p-Sylowgruppe H in G. Nach 2.8 ist $U \subset gHg^{-1}$ für ein $g \in G$. Da $|H| = |gHg^{-1}|$ gilt, ist auch gHg^{-1} eine p-Sylowgruppe in G.

(b) Es ist $H' \subset gHg^{-1}$ für ein $g \in G$ nach 2.8, und es gilt $|H'| = |H| = |gHg^{-1}|$. Also folgt $H' = gHg^{-1}$.

(c) Ist H Normalteiler in G, so gilt $H = gHg^{-1}$ für alle $g \in G$ (vgl. 1.1.5), und also ist H nach (b) die einzige Sylowgruppe in G.
Ist umgekehrt H die einzige p-Sylowgruppe in G, so ist H Normalteiler in G, da gHg^{-1} für alle $g \in G$ eine p-Sylowgruppe ist.
$\square$

2.10 Der Normalisator einer Untergruppe

Sei U eine Untergruppe einer Gruppe G.

Definition.
Die Menge $N(U) := \{g \in G \mid gUg^{-1} = U\}$ heißt *Normalisator von U in G*.

Satz (Normalisatorsatz).

(i) *$N(U)$ ist eine Untergruppe von G.*

(ii) *Die Anzahl der zu U konjugierten Untergruppen ist gleich dem Index $(G : N(U))$.*

(iii) *U ist Normalteiler in $N(U)$.*

(iv) *$N(U)$ ist die größte Untergruppe von G, in der U Normalteiler ist. Insbesondere gilt $N(U) = G$ genau dann, wenn U Normalteiler in G ist.*

Beweis. Sei $M = \{T \subset G\}$ die Menge aller Teilmengen von G. Dann operiert G auf M durch Konjugation
$$G \times M \to M, \ (g, T) \mapsto gTg^{-1}.$$

Bei dieser Operation ist $N(U) = \text{Stab}(U)$, woraus (i) folgt, da $\text{Stab}(U)$ eine Untergruppe von G ist (vgl. 2.2). Die Bahn von U ist die Menge
$$B := \{gUg^{-1} \mid g \in G\},$$

und da $|B| = (G : N(U))$ gilt (vgl. 2.2), ergibt sich (ii). Es ist $U \subset N(U)$, da $uUu^{-1} = U$ für alle $u \in U$ gilt. Die Eigenschaften (iii) und (iv) folgen nun nach Definition von $N(U)$.
$\square$

2.11 Dritter Sylowscher Satz

Satz.
*Sei G eine Gruppe der Ordnung $n = p^r m$, wobei p eine Primzahl sei, die m nicht teilt, und $r > 0$. Sei n_p die Anzahl der p-Sylowgruppen in G. Dann ist n_p ein Teiler von m, und $n_p - 1$ ist durch p teilbar.
(Schreibweise: $n_p \mid m$ und $n_p \equiv 1 \mod p$).*

Beweis. Sei H eine p-Sylowgruppe in G. Nach 2.9 sind alle p-Sylowgruppen in G zu H konjugiert, und es folgt $n_p = (G : N(H))$ nach 2.10 (ii). Aus der Abzählformel 2.2 folgt

$$m \underset{2.7}{=} \frac{|G|}{|H|} = \frac{|G|}{|N(H)|} \cdot \frac{|N(H)|}{|H|} = n_p \cdot (N(H) : H)$$

und also $n_p \mid m$.

Sei $M = \{H_1, \ldots, H_{n_p}\}$ die Menge der p-Sylowgruppen in G und $H = H_1$. Dann operiert H auf M durch

$$H \times M \to M, \ (h, H_i) \mapsto hH_ih^{-1}.$$

Da M die disjunkte Vereinigung von Bahnen ist (vgl. AGLA 11.21), liegt jedes H_i in einer Bahn $B_i = \{hH_ih^{-1} \mid h \in H\}$, und es gilt

$$n_p = |M| = \sum_{B \text{ Bahn}} |B|.$$

Wir zeigen: Es gibt genau eine Bahn B_i mit $|B_i| = 1$ und $p \mid |B_j|$ für $j \neq i$. Daraus folgt dann die zweite Behauptung. Es gilt:

$$|B_i| = 1 \iff B_i = \{H_i\} \iff hH_ih^{-1} = H_i \ \forall h \in H \iff H \subset N(H_i).$$

Ist nun $|B_i| = 1$, dann gilt $H \subset N(H_i)$ und außerdem $H_i \subset N(H_i)$. Es folgt $H_i = H$, da einerseits die Gruppen H_i und H beide p-Sylowgruppen in $N(H_i)$ sind, andererseits $H_i \triangleleft N(H_i)$ als Normalteiler die einzige p-Sylowgruppe in $N(H_i)$ ist, vgl. 2.9 (c). Es gibt also nur eine Bahn der Länge 1, nämlich $B_1 = \{H\}$.

Ist B_j eine Bahn mit $|B_j| > 1$, so ist $|B_j|$ durch p teilbar, denn aus der Bahnformel 2.2 folgt $p^r \underset{2.7}{=} |H| \underset{2.2}{=} |B_j| \cdot \text{Stab}(H_j)$. □

2.12 Satz von Lagrange

Der Satz von Lagrange ist in AGLA 11.11 bewiesen. Wir haben ihn hier im Spezialfall schon öfter benutzt und formulieren ihn nun noch einmal, da wir diesen Satz und eine Folgerung daraus später noch brauchen werden.

Satz. (J. L. LAGRANGE 1736–1813)
Sei G eine endliche Gruppe und H eine Untergruppe. Dann ist die Ordnung von H ein Teiler der Ordnung von G. Insbesondere ist die Ordnung eines jeden Elements von G ein Teiler der Ordnung von G.

Auch das folgende Korollar ist in AGLA 11.11 bewiesen.

Korollar.
Sei p eine Primzahl. Dann gibt es bis auf Isomorphie genau eine Gruppe der Ordnung p, nämlich die Gruppe $\mathbb{Z}/p\mathbb{Z}$.

Bemerkung.
Die Umkehrung des Satzes von Lagrange ist im Allgemeinen falsch. Es gibt endliche Gruppen, in denen es nicht zu jedem Teiler t der Gruppenordnung eine Untergruppe der Ordnung t gibt. Ein Beispiel ist die *alternierende Gruppe A_5*, die wir in Kapitel 5.5 kennenlernen werden. Sie hat die Ordnung 60 und ist *einfach*, d.h. sie besitzt keinen echten Normalteiler. Daraus folgt, dass es zu dem Teiler 30 der Gruppenordnung 60 keine Untergruppe der Ordnung 30 gibt, denn jede Untergruppe vom Index 2 ist ein Normalteiler (vgl. AGLA 11.14.4). Die Sylowschen Sätze ergeben also optimal allgemeine Ergebnisse zur Existenz und Anzahl von Untergruppen in endlichen Gruppen.

2.13 Gruppen der Ordnung 15

Es seien p, q zwei Primzahlen, für die $p > q$ und $q \nmid p - 1$ gelte, also zum Beispiel $p = 5, q = 3$; $p = 11, q = 3$; $p = 7, q = 5$ und $p = 13, q = 5$.

Für solche Primzahlpaare gibt es bis auf Isomorphie genau eine Gruppe der Ordnung pq, nämlich die Gruppe $\mathbb{Z}/pq\mathbb{Z}$. Dies soll in Aufgabe 11 bewiesen werden. Wir führen den Beweis hier für den Fall $p = 5, q = 3$ vor. Der allgemeine Fall geht ganz analog.
Die Voraussetzung $q \nmid p - 1$ ist notwendig, wie das Beispiel $p = 3, q = 2$ zeigt: Es gibt bis auf Isomorphie zwei Gruppen der Ordnung 6, vgl. 2.5.

Zunächst zeigen wir ein Lemma über das direkte Produkt von Normalteilern, (das wir in 3.7 noch verallgemeinern werden). Sind G_1, G_2 Gruppen, so ist das *direkte Produkt* $G_1 \times G_2 := \{(g_1, g_2) \mid g_1 \in G_1, g_2 \in G_2\}$ eine Gruppe mit komponentenweiser Verknüpfung

$$(g_1, g_2)(g_1', g_2') := (g_1 g_1', g_2 g_2')$$

für $g_1, g_1' \in G_1, g_2, g_2' \in G_2$.

2.13 Gruppen der Ordnung 15

Lemma.
Seien U und V Normalteiler in einer Gruppe G, und es sei $U \cap V = \{e\}$.
Dann gelten

(i) $uv = vu$ für alle $u \in U$ und $v \in V$.

(ii) Die Produktabbildung $\varphi : U \times V \to G$, $(u,v) \mapsto uv$, ist ein injektiver Homomorphismus mit $\varphi(U \times V) = UV := \{uv \mid u \in U, v \in V\}$.

Beweis. (i) Für $u \in U$ und $v \in V$ gilt

$$uvu^{-1}v^{-1} = (uvu^{-1})v^{-1} \in V \qquad \text{da } V \text{ Normalteiler}$$
$$= u(vu^{-1}v^{-1}) \in U \qquad \text{da } U \text{ Normalteiler}$$

Es liegt also $uvu^{-1}v^{-1}$ in $U \cap V = \{e\}$. Hieraus folgt $uvu^{-1}v^{-1} = e$ und daher $uv = vu$.

(ii) Nach 1.5 (a) ist UV eine Untergruppe von G. Aus (i) folgt, dass φ ein Homomorphismus ist, und das Bild von φ ist ersichtlich UV.
Sei $\varphi((u,v)) = \varphi((u',v'))$. Dann gilt $uv = u'v'$ und also

$$vv'^{-1} = u^{-1}u' \in U \cap V = \{e\}.$$

Hieraus folgt $v = v'$ und $u = u'$. Also ist φ injektiv. $\square$

Satz.
Bis auf Isomorphie gibt es genau eine Gruppe der Ordnung 15, nämlich die Gruppe $\mathbb{Z}/15\mathbb{Z}$.

Beweis. Sei G eine Gruppe der Ordnung $5 \cdot 3$, und sei n_5 die Anzahl der 5-Sylowgruppen sowie n_3 die Anzahl der 3-Sylowgruppen in G.
Nach dem dritten Sylowschen Satz 2.11 gilt $n_5 \mid 3$, also $n_5 = 3$ oder 1, und $n_5 - 1$ ist durch 5 teilbar. Es folgt $n_5 = 1$.
Analog gilt $n_3 \mid 5$, also $n_3 = 5$ oder 1, und $n_3 - 1$ ist durch 3 teilbar. Es folgt $n_3 = 1$.
Also gibt es genau eine 5-Sylowgruppe U und genau eine 3-Sylowgruppe V in G. Damit sind U und V Normalteiler in G nach 2.9 (c). Es ist $U \cap V = \{e\}$, da U und V nach dem Satz von Lagrange 2.12 beide nur $\{e\}$ als echte Untergruppe besitzen. Nach dem Lemma gilt nun $U \times V \simeq UV$ und also $|UV| = |U| \cdot |V| = 5 \cdot 3 = |G|$. Und da UV eine Untergruppe von G ist, folgt $UV = G$. Nach dem Korollar in 2.12 gilt nun

$$G = UV \simeq U \times V \simeq \mathbb{Z}/5\mathbb{Z} \times \mathbb{Z}/3\mathbb{Z}.$$

Da $|\mathbb{Z}/15\mathbb{Z}| = 5 \cdot 3$ ist, folgt hieraus insbesondere $\mathbb{Z}/15\mathbb{Z} \simeq \mathbb{Z}/5\mathbb{Z} \times \mathbb{Z}/3\mathbb{Z}$.
Also gilt $G \simeq \mathbb{Z}/15\mathbb{Z}$ für jede Gruppe G der Ordnung 15. $\square$

Lernerfolgstest.
- Geben Sie die Sylowschen Sätze und Folgerungen an.
- Sei H eine p-Sylowgruppe in G. Dann gilt:
$$\boxed{H \triangleleft G} \iff \boxed{H \text{ ist die einzige } p\text{-Sylowgruppe in } G}$$
Für welche Pfeilrichtung wird der 2. Sylowsatz gebraucht?
- Arbeiten Sie eine gemeinsame Beweisidee für die drei Sylowsätze und Unterschiede in der Umsetzung heraus.

2.14 Übungsaufgaben 11 – 16

Aufgabe 11. Seien p und q zwei Primzahlen, wobei $p > q$ gelte und $p - 1$ nicht durch q teilbar sei. Man zeige, dass es bis auf Isomorphie genau eine Gruppe der Ordnung pq gibt.

Aufgabe 12. Für eine endliche Gruppe G bezeichne s_p die Anzahl der p-Sylowgruppen für jeden Primteiler p der Ordnung $|G|$ von G. Man ermittle die möglichen Anzahlen s_2 und s_3, die bei Gruppen der Ordnung 12 auftreten können. Man zeige, dass die Fälle $s_2 = 3$ und $s_3 = 4$ nicht vorkommen können und dass es sich im Fall $s_2 = 1 = s_3$ um eine abelsche Gruppe der Ordnung 12 handelt.

Aufgabe 13. Man ermittle, wieviele Elemente der Ordnung 5 eine Gruppe der Ordnung 20 enthält.

Aufgabe 14. Seien G eine endliche Gruppe, H eine p-Sylowgruppe in G und $N(H)$ der Normalisator von H in G. Man zeige, das p den Index $(N(H) : H)$ nicht teilt.

Definition. Eine Gruppe $G \neq \{e\}$ heißt *einfach*, wenn sie keine echten Normalteiler besitzt, d.h. wenn $\{e\}$ und G die einzigen Normalteiler in G sind.

Aufgabe 15. Man zeige, dass eine Gruppe der Ordnung 40 nicht einfach ist.

Aufgabe 16. Man zeige, dass eine Gruppe der Ordnung pq, wobei p und q Primzahlen sind, nicht einfach ist.

3 Strukturaussagen über einige Gruppen

Lernziel.
Fertigkeiten: In gewissen Fällen Anzahl und Typ von Gruppen zu vorgebener Ordnung bis auf Isomorphie bestimmen
Kenntnisse: Klassengleichung, Aussagen über Zentrum und Normalteiler in p-Gruppen, Diedergruppen.

3.1 Die Klassengleichung

Sei G eine endliche Gruppe. Wir betrachten den Spezialfall, dass G per *Konjugation* auf sich selbst operiert:
$$G \times G \to G, \ (g, x) \mapsto gxg^{-1}.$$

Die *Bahn* von $x \in G$ ist dann die *Konjugationsklasse*
$$\boxed{K(x) := \{gxg^{-1} \mid g \in G\}}$$

in G. Der *Stabilisator* von $x \in G$ ist dann der *Zentralisator*
$$\boxed{Z_x := \{g \in G \mid gxg^{-1} = x\}}$$

Der Zentralisator von x ist also eine Untergruppe von G. Die Bahnformel 2.2 lautet nun:
$$\boxed{|K(x)| = \frac{|G|}{|Z_x|} = (G : Z_x)}$$

Klassengleichung.
Seien $K(x_1), \ldots, K(x_k)$ die verschiedenen Konjugationsklassen in G. Dann gilt:
$$\boxed{|G| = \sum_{i=1}^{k} |K(x_i)| = \sum_{i=1}^{k} (G : Z_{x_i})}$$

Die Klassengleichung lässt sich auch in der Form
$$\boxed{|G| = |Z(G)| + \sum_{(G:Z_{x_i})>1} (G : Z_{x_i})}$$

schreiben, wobei $Z(G) := \{x \in G \mid gx = xg \ \forall g \in G\}$ *das Zentrum von G bezeichnet.*

Beweis. Da auf G operiert wird, ist G die disjunkte Vereinigung von Bahnen (AGLA 11.21), also

$$|G| = \sum_{B \text{ Bahn}} |B| = \sum_{i=1}^{k} |K(x_i)| = \sum_{i=1}^{k} (G : Z_{x_i}).$$

Zur zweiten Form der Klassengleichung: Für $x \in G$ gilt

$$x \in Z(G) \iff Z_x = G \iff 1 = (G : Z_x) = |K(x)| \iff K(x) = \{x\}.$$

In der Summe $|G| = \sum_{i=1}^{k} |K(x_i)|$ treten also genau $|Z(G)|$ Summanden mit $|K(x_i)| = 1$ auf, für die übrigen Summanden ist $|K(x_i)| = (G : Z_{x_i}) > 1$. □

3.2 Das Zentrum einer p-Gruppe ist nicht-trivial

Satz.
Sei p eine Primzahl, und sei G eine endliche Gruppe der Ordnung $|G| = p^r$ mit $r \geqslant 1$. Dann ist $|Z(G)| = p^s$ mit $s \geqslant 1$.

Beweis. Es gilt $p^r = |G| = |Z(G)| + \sum_{(G:Z_{x_i}) > 1} (G : Z_{x_i})$ nach 3.1.

Weil nach der Abzählformel $p^r = |G| = |Z_{x_i}| \cdot (G : Z_{x_i})$ gilt, teilt p jeden Index $(G : Z_{x_i}) > 1$. Also gilt auch $p \mid |Z(G)|$.

Da $Z(G)$ eine Untergruppe von G ist, teilt $|Z(G)|$ die Gruppenordnung p^r (vgl. 2.12), und es folgt $|Z(G)| = p^s$ mit einem $s \geqslant 1$. □

3.3 Existenz von Normalteilern in p-Gruppen

Satz.
Sei p eine Primzahl, und sei G eine endliche Gruppe der Ordnung $|G| = p^r$ mit $r \geqslant 1$. Dann besitzt G einen Normalteiler der Ordnung p^{r-1}.

Beweis. Induktion nach r.
Sei $r = 1$. Dann ist $\{e\} \triangleleft G$ ein Normalteiler der Ordnung 1.
Sei $r > 1$. Dann gilt für das Zentrum $|Z(G)| = p^s$ mit $s \geqslant 1$ nach 3.2. Nach dem ersten Sylowschen Satz 2.3 hat $Z(G)$ eine Untergruppe N mit $|N| = p$. Es gilt $N \triangleleft G'$ für jede Untergruppe G' von G, die N enthält, denn wegen $N \subset Z(G)$ gilt $gxg^{-1} = x$ für alle $x \in N$ und $g \in G'$, und also ist die Normalteilerbedingung $gNg^{-1} \subset N$ für alle $g \in G'$ erfüllt. Die Faktorgruppe G/N hat nach der Abzählformel die Ordnung

$$|G/N| = \frac{|G|}{|N|} = \frac{p^r}{p} = p^{r-1}.$$

Nach Induktionsvoraussetzung hat G/N einen Normalteiler $\overline{M}$ der Ordnung p^{r-2}. Sei $\pi\colon G \to G/N$, $g \mapsto gN$, der kanonische Homomorphismus, und sei
$$M = \pi^{-1}\left(\overline{M}\right) := \{g \in G \mid \pi(g) \in \overline{M}\}.$$
Dann ist M nach 1.2 (ii) ein Normalteiler in G. Es gilt $N \subset M$, da N das neutrale Element in $\overline{M}$ ist. Damit folgt $N \triangleleft M$, und es gilt $M/N = \overline{M}$. Schließlich gilt $p^{r-2} = |\overline{M}| = \frac{|M|}{|N|} = \frac{|M|}{p}$ und also $|M| = p^{r-1}$. □

3.4 Zyklische Gruppen

Definition.
Eine *zyklische* Gruppe ist eine Gruppe, die von einem Element erzeugt wird.

Ist G eine Gruppe der Ordnung $|G| =: n < \infty$, so gilt

$\boxed{G \text{ zyklisch}} \iff \boxed{G \text{ enthält ein Element } a \text{ der Ordnung } n}$

Wir schreiben dann $G = \{e, a, \ldots, a^{n-1}\}$ (vgl. AGLA 11.10). Ferner gelten:

- Die (additive) Gruppe $\mathbb{Z}/n\mathbb{Z}$ ist zyklisch und wird von der Restklasse $1 + n\mathbb{Z}$ erzeugt.

- Jede Gruppe der Primzahlordnung p ist isomorph zur Gruppe $\mathbb{Z}/p\mathbb{Z}$ und also zyklisch, (vgl. AGLA 11.11).

- Jede endliche zyklische Gruppe G ist isomorph zu $\mathbb{Z}/|G|\mathbb{Z}$, (vgl. AGLA 11.13).

3.5 Gruppen der Ordnung p^2

Sei G eine Gruppe, und sei $Z(G) := \{x \in G \mid gx = xg \text{ für alle } g \in G\}$ das Zentrum von G. Es ist $Z := Z(G)$ ein Normalteiler in G nach 1.1.7.

Lemma.
Wenn die Faktorgruppe G/Z zyklisch ist, dann ist G kommutativ.

Beweis. Wähle $a \in G$ so, dass die Nebenklasse $\overline{a} := aZ$ die Gruppe G/Z erzeugt und also G/Z aus Potenzen von $\overline{a}$ besteht. Seien $b, c \in G$. Dann gibt es $k, m \in \mathbb{Z}$ so, dass $\overline{b} := bZ = \overline{a}^k$ und $\overline{c} := cZ = \overline{a}^m$ gilt. Also gibt es Elemente $x, y \in Z$ mit $b = a^k x$ und $c = a^m y$. Es folgt

$$bc = a^k x\, a^m y = a^{k+m} xy = a^{m+k} yx = a^m y\, a^k x = cb$$

da $x, y \in Z$ gilt. □

Satz.
Sei p eine Primzahl. Dann ist jede Gruppe der Ordnung p^2 kommutativ, und bis auf Isomorphie gibt es genau zwei Gruppen der Ordnung p^2, nämlich $\mathbb{Z}/p^2\mathbb{Z}$ und $\mathbb{Z}/p\mathbb{Z} \times \mathbb{Z}/p\mathbb{Z}$.

Beweis. Sei G eine Gruppe der Ordnung p^2. Dann hat das Zentrum $Z := Z(G)$ die Ordnung $|Z| = p$ oder $|Z| = p^2$ nach 3.2:

- Ist $|Z| = p^2$, dann ist $Z = G$ und also G kommutativ.

- Ist $|Z| = p$, dann ist $|G/Z(G)| = \frac{p^2}{p} = p$ und also G/Z zyklisch nach 3.4. Das Lemma ergibt, dass G kommutativ ist und also $G = Z$ gilt. Das ist aber ein Widerspruch, da Z die Ordnung p hat. Dieser Fall kann also nicht eintreten.

Zeige nun die zweite Behauptung. Da die Ordnung eines jeden Elementes von G die Gruppenordnung $|G| = p^2$ teilt (vgl. 2.12), sind nur zwei Fälle möglich:

1. Es gibt ein Element der Ordnung p^2 in G. Dann ist G zyklisch und $G \simeq \mathbb{Z}/p^2\mathbb{Z}$ nach 3.4.

2. Jedes Element $\neq e$ aus G hat die Ordnung p. Wähle $a \in G$ mit $a \neq e$. Dann ist $U = \{e, a, \ldots, a^{p-1}\}$ eine Untergruppe von G der Ordnung p, vgl. (AGLA 11.13). Wähle $b \in G \setminus U$ und setze $V = \{e, b, \ldots, b^{p-1}\}$. Dann ist auch V eine Untergruppe von G der Ordnung p. Es sind U und V Normalteiler in G, da in einer abelschen Gruppe jede Untergruppe Normalteiler ist. Es ist $|U \cap V| = 1$, denn wäre $|U \cap V| = p$, so wäre $U = U \cap V = V$, was $b \notin U$ widerspräche. Es folgt $G \underset{2.13}{\simeq} U \times V \underset{3.4}{\simeq} \mathbb{Z}/p\mathbb{Z} \times \mathbb{Z}/p\mathbb{Z}$.

$\square$

3.6 Gruppen der Ordnung $2p$

Die *Diedergruppe* D_n ist eine Gruppe $2n$ Elementen und wird durch zwei Erzeugende a, b mit den Relationen $a^n = e$, $b^2 = e$ und $ba = a^{n-1}b$ beschrieben. Es ist dann $D_n = \{1, a, a^2, \ldots, a^{n-1}, b, ab, a^2b, \ldots, a^{n-1}b\}$.

Satz.
Sei p eine Primzahl $\neq 2$. Dann gibt es bis auf Isomorphie genau zwei Gruppen der Ordnung $2p$, nämlich die zyklische Gruppe $\mathbb{Z}/2p\mathbb{Z}$ und die (nicht abelsche) Diedergruppe D_p mit $2p$ Elementen.

3.7 Direkte Produkte von Normalteilern

Beweis. Sei $|G| = 2p$ und $p > 2$. Dann besitzt G eine p-Sylowgruppe

$$U = \{e, a, \dots, a^{p-1}\}$$

nach 2.3 und 3.4. Sei n_p die Anzahl der p-Sylowgruppen in G. Dann gilt $n_p \mid 2$, also $n_p = 1$ oder 2, und $n_p - 1$ ist durch p teilbar nach 2.11. Es folgt $n_p = 1$, und also ist U Normalteiler in G nach 2.9.
Für die Anzahl n_2 der 2-Sylowgruppen in G gilt $n_2 \mid p$, also $n_2 = 1$ oder p (nach 2.11).

1. **Fall** $\boxed{n_2 = 1}$ Dann gibt es genau eine 2-Sylowgruppe $V = \{e, b\}$ in G, und V ist dann Normalteiler in G nach 2.9. Es ist $U \cap V = \{e\}$, (da $V = \{e, b\}$ und $b \notin U$). Aus dem Lemma in 2.13 folgt $ab = ba$ und $U \times V \simeq UV$. Es ist also $G = UV$. Da $\text{ord}(b) = 2$ und $\text{ord}(a) = p$ ungerade ist, folgt $\text{ord}(ab) = 2p = |G|$. Also ist G ist zyklisch.

2. **Fall** $\boxed{n_2 = p}$ Für jedes $x \in G \setminus U$ gilt $\text{ord}(x) = 2$ oder $2p$ (denn U ist die einzige Untergruppe der Ordnung p in G).
   Angenommen, es gibt ein $x \in G$ mit $\text{ord}(x) = 2p$. Dann ist G zyklisch nach 3.4, also abelsch und die 2-Sylowgruppe ist Normalteiler, woraus $n_2 = 1$ nach 2.9(c) folgt im Widerspruch zu $n_2 = p$.
   Also hat jedes Element aus $G \setminus U$ die Ordnung 2. Wähle $b \in G \setminus U$. Dann ist $G = \{e, a, \dots, a^{p-1}, b, ba, \dots, ba^{p-1}\}$ die Diedergruppe D_p. Es ist $(ab)(ab) = e$ und also $(ab) = (ab)^{-1} = b^{-1}a^{-1} = ba^{p-1}$.

$\square$

3.7 Direkte Produkte von Normalteilern

Wir verallmeinern nun noch das Lemma in 2.13.

Satz.
Seien $N_1, \dots, N_k$ Normalteiler in einer Gruppe G. Es sei

$$\boxed{N_i \cap (N_1 \cdot N_2 \cdot \ldots \cdot N_{i-1} \cdot N_{i+1} \cdot \ldots \cdot N_k) = \{e\} \text{ für alle } i = 1, \dots, k}.$$

Für $i \neq j$ gilt dann:

$$\boxed{x_i x_j = x_j x_i \text{ für alle } x_i \in N_i \text{ und } x_j \in N_j}$$

und die Produktabbildung

$$\pi \colon N_1 \times \cdots \times N_k \to G, \ (x_1, \dots, x_k) \mapsto x_1 \cdots x_k$$

ist ein injektiver Gruppenhomomorphismus.

Beweis. Sei $i \neq j$, und seien $x_i \in N_i$ und $x_j \in N_j$. Dann gilt $x_i x_j x_i^{-1} \in N_j$ wegen $N_j \triangleleft G$, und es gilt $x_j x_i^{-1} x_j^{-1} \in N_i$ wegen $N_i \triangleleft G$. Also ist

$$(x_i x_j)(x_j x_i)^{-1} = (x_i x_j x_i^{-1}) x_j^{-1} = x_i (x_j x_i^{-1} x_j^{-1}) \in N_i \cap N_j.$$

Wegen $N_i \cap N_j \subset N_i \cap (N_1 \cdots N_{i-1} N_{i+1} \cdots N_k) = \{e\}$ folgt

$$x_i x_j = x_j x_i \quad \text{für } i \neq j.$$

Für die Produktabbildung gilt daher

$$\begin{aligned}
\pi((x_1, \ldots, x_k) \cdot (x_1', \ldots, x_k')) &= \pi(x_1 x_1', \ldots, x_k x_k') \\
&= x_1 x_1' \cdots x_k x_k' \\
&= x_1 \cdots x_k \cdot x_1' \cdots x_k' \\
&= \pi(x_1, \ldots, x_k) \cdot \pi(x_1', \ldots, x_k')
\end{aligned}$$

Also ist π ein Homomorphismus.

Um zu zeigen, dass π injektiv ist, betrachte $x_i \in N_i$ für $i = 1, \ldots, k$ mit $\pi(x_1, \ldots, x_k) = x_1 \cdots x_k = e$. Dann ist

$$x_i^{-1} = x_1 \cdots x_{i-1} x_{i+1} \cdots x_k \in N_i \cap (N_1 \cdots N_{i-1} N_{i+1} \cdots N_k) = \{e\}.$$

Es folgt $x_i^{-1} = e$ und also $x_i = e$ für alle $i = 1, \ldots, k$. $\square$

Bemerkung.
Sei G eine endliche Gruppe. Unter den Voraussetzungen des Satzes ist $N_1 \times \cdots \times N_k \simeq \text{bild}(\pi)$, und daher

$$|N_1| \cdots |N_k| = |N_1 \times \cdots \times N_k| = |\text{bild}(\pi)|.$$

Da $\text{bild}(\pi)$ eine Untergruppe von G ist (vgl. 1.2 (i)), folgt:
Wenn zusätzlich $|N_1| \cdot \ldots \cdot |N_k| = |G|$ ist, so ist π ein Isomorphismus.

3.8 Endliche abelsche Gruppen
(Eine Ergänzung von Michael Adam)

Die Struktur der endlichen abelschen Gruppen kann mit den bisherigen Mitteln bestimmt werden. Das soll hier heißen, dass eine vollständige Liste von Vertretern für die Isomorphieklassen der endlichen abelschen Gruppen angegeben wird. Der Isomorphismus zu einem solchen Vertreter ist aber in der Regel nicht eindeutig bestimmt.
Ich schreibe abelsche Gruppen im folgenden immer additiv.

3.8 Endliche abelsche Gruppen

Behauptung 1.
Jede endliche abelsche Gruppe A ist Produkt ihrer Sylowgruppen.

Beweis. Sei $|A| = p_1^{e_1} \cdot \ldots \cdot p_r^{e_r}$ mit paarweise verschiedenen Primzahlen $p_1, \ldots, p_r$. Da A abelsch ist, sind alle Untergruppen Normalteiler, insbesondere die Sylowgruppen. Folglich gibt es zu jedem p_i genau eine p_i-Sylowgruppe A_i in A; es ist $|(A_i)| = p_i^{e_i}$. Weil die Ordnung eines Elementes von $A_1 \cap A_2$ sowohl $p_1^{e_1}$ als auch $p_2^{e_2}$ teilen muss und p_1 und p_2 teilerfremd sind, gilt $A_1 \cap A_2 = \{0\}$. Damit ist die Additionsabbildung $A_1 \times A_2 \to A, (a_1, a_2) \mapsto a_1 + a_2$ ein injektiver Gruppenhomomorphismus, und das Bild $A_1 + A_2$ ist insbesondere eine Untergruppe der Ordnung $p_1^{e_1} \cdot p_2^{e_2}$. Induktiv fortfahrend erhält man, dass

$$\mu : A_1 \times \cdots \times A_r \to A, \ (a_1, \ldots, a_r) \mapsto a_1 + \ldots + a_r$$

ein injektiver Gruppenhomomorphismus ist. Weil die beiden Gruppen die gleiche Ordnung haben, ist μ sogar ein Isomorphismus. $\square$

Der zweite Schritt ist nun, abelsche p-Gruppen weiter zu zerlegen.

Behauptung 2.
Sei p eine Primzahl und A eine abelsche p-Gruppe. Dann gibt es natürliche Zahlen $e_1, \ldots, e_n$ so, dass

$$A \simeq \mathbb{Z}/p^{e_1}\mathbb{Z} \times \cdots \times \mathbb{Z}/p^{e_n}\mathbb{Z}.$$

Die Folge $e_1, \ldots, e_n$ ist bis auf Reihenfolge eindeutig.

Wenn man die beiden Behauptungen zusammennimmt, erhält man, dass jede endliche abelsche Gruppe isomorph zu einem Produkt von Gruppen $\mathbb{Z}/p^e\mathbb{Z}$ ist für verschiedene Primzahlen p und Exponenten e. Diese Aussage könnte man **Hauptsatz über endliche abelsche Gruppen** nennen. Der Beweis von 2 und damit des Hauptsatzes erfordert keine weiteren Mittel, aber ich verschiebe ihn auf Abschnitt 10.12, wo ich als weiteren Einschub den allgemeineren Hauptsatz über endlich *erzeugte* abelsche Gruppen beweisen werde.

Lernerfolgstest.
Nennen Sie zu den folgenden Gruppenordnungen jeweils Anzahl und Typ der zugehörigen Gruppen bis auf Isomorphie: 17, 25, 33, 35, 38.

3.9 Übungsaufgaben 17 – 22

Aufgabe 17. Sei G eine Gruppe, und sei $Z := \{x \in G \mid gx = xg \ \forall g \in G\}$ das *Zentrum von G*. Man zeige: Das Zentrum einer nicht-abelschen Gruppe der Ordnung p^3 hat stets die Ordnung p. Hierbei sei p eine Primzahl.

Aufgabe 18. Man zeige, dass es bis auf Isomorphie genau eine Gruppe der Ordnung 1001 gibt.

Aufgabe 19. Man zeige, dass es bis auf Isomorphie genau eine Gruppe der Ordnung 1295 gibt.

Aufgabe 20. Man zeige, dass jede Gruppe der Ordnung 56 einen Normalteiler $\neq \{e\}$ besitzt.

Aufgabe 21. Man zeige, dass jede Gruppe der Ordnung 200 einen abelschen Normalteiler $\neq \{e\}$ besitzt.

Aufgabe 22. Seien p und q zwei verschiedene Primzahlen. Man zeige, dass jede Gruppe G der Ordnung p^2q eine Sylowgruppe besitzt, die Normalteiler in G ist.

4 Auflösbare Gruppen

Lernziel.
Fertigkeiten: In gewissen Fällen entscheiden, ob eine Gruppe auflösbar ist.
Kenntnisse: Beispiele und Kriterien für auflösbare Gruppen.

4.1 Definition einer auflösbaren Gruppe

Definition. 1. Eine *Normalreihe* einer Gruppe G ist eine Kette

$$(*) \qquad G = U_k \supset U_{k-1} \supset \cdots \supset U_1 \supset U_0 = \{e\}$$

von Untergruppen $U_0, \ldots, U_k$ von G so, dass U_{i-1} Normalteiler in U_i für alle $i = 1, \ldots, k$ gilt.

2. Die Faktorgruppen U_i/U_{i-1} einer Normalreihe heißen *Faktoren*.

3. Eine Gruppe G heißt *auflösbar*, wenn sie eine Normalreihe $(*)$ mit lauter abelschen Faktoren besitzt.

4.2 Beispiele

1. Jede abelsche Gruppe G ist auflösbar (da $G \supset \{e\}$ und $G = G/\{e\}$ abelsch).
2. Eine Gruppe heißt *einfach*, wenn sie außer sich selbst und $\{e\}$ keinen Normalteiler besitzt. Eine einfache Gruppe ist genau dann auflösbar, wenn sie abelsch ist.
3. Sei p eine Primzahl. Dann ist jede endliche p-Gruppe auflösbar.
Denn ist U_k eine Gruppe der Ordnung p^k mit $k > 1$, so gibt es nach 3.3 eine Kette $U_k \triangleright U_{k-1} \triangleright \cdots \triangleright U_1 \triangleright U_0 = \{e\}$ mit $|U_i/U_{i-1}| = p$ für alle $i = 1, \ldots, k$. Damit ist U_i/U_{i-1} zyklisch (vgl. 3.4) und also abelsch.

4.3 Untergruppen und Bilder auflösbarer Gruppen

Satz. (a) *Jede Untergruppe einer auflösbaren Gruppe ist auflösbar.*

(b) *Sei G eine auflösbare Gruppe, und sei $f\colon G \to G'$ ein surjektiver Homomorphismus von Gruppen. Dann ist G' auflösbar. Insbesondere ist G/N auflösbar für jeden Normalteiler N in G.*

(c) *Ist N Normalteiler in einer Gruppe G und sind N und G/N auflösbar, so ist G auflösbar.*

Beweis. (a) Sei $U \subset G$ eine Untergruppe einer auflösbaren Gruppe G. Mit Hilfe einer Normalreihe aus 4.1.2 erhält man eine Normalreihe

$$U = U \cap U_k \supset U \cap U_{k-1} \supset \cdots \supset U \cap U_1 \supset U \cap U_0 = \{e\}$$

Nach dem ersten Noetherschen Isomorphiesatz 1.5 gilt:

$$(U \cap U_i)/(U \cap U_{i-1}) = (U \cap U_i)/(U \cap U_i \cap U_{i-1})$$
$$\simeq (U \cap U_i)U_{i-1}/U_{i-1}.$$

Da $(U \cap U_i)U_{i-1}/U_{i-1}$ eine Untergruppe von U_i/U_{i-1} ist, die nach Voraussetzung abelsch ist, ist auch $(U \cap U_i)/(U \cap U_{i-1})$ für $i = 1, \ldots, k$ abelsch. Also ist U auflösbar.

(b) Sei eine Normalreihe von G gemäß 4.1.2 gegeben. Dann ist $G' = f(U_k) \supset f(U_{k-1}) \supset \cdots \supset f(U_1) \supset f(U_0) = \{e\}$ eine Normalreihe von G', denn nach 1.2 (iii) ist $f(U_{i-1})$ Normalteiler in $f(U_i)$. Da f surjektiv ist, induziert f einen surjektiven Homomorphismus

$$U_i/U_{i-1} \to f(U_i)/f(U_{i-1}) \quad \text{für } i = 1, \ldots, k.$$

Da U_i/U_{i-1} abelsch ist, ist $f(U_i)/f(U_{i-1})$ abelsch, und also ist G' auflösbar. Da der kanonische Homomorphismus $G \to G/N, g \mapsto gN$, surjektiv ist, folgt auch die zweite Behauptung in (b).

(c) Nach Voraussetzung gibt es zwei Ketten

$$N = N_k \triangleright N_{k-1} \triangleright \cdots \triangleright N_1 \triangleright N_0 = \{e\} \text{ und}$$
$$G/N = \overline{U_\ell} \triangleright \overline{U_{\ell-1}} \triangleright \cdots \triangleright \overline{U_1} \triangleright \overline{U_0} = \{N\},$$

wobei die Faktorgruppen N_i/N_{i-1} und $\overline{U_i}/\overline{U_{i-1}}$ abelsch sind. Sei $\pi \colon G \to G/N$ kanonisch. Setze $U_i = \pi^{-1}(\overline{U_i})$ für $i = 0, \ldots, \ell$. Dann ist U_{i-1} Normalteiler in U_i für $i = 1, \ldots, \ell$ nach 1.2 (ii). Es ist $\overline{U_i} = U_i/N$ und also $U_i/U_{i-1} \underset{1.6}{\simeq} \overline{U_i}/\overline{U_{i-1}}$ abelsch für $i = 1, \ldots, \ell$. Es ergibt sich eine Normalreihe der gewünschten Art:

$$G = U_\ell \supset U_{\ell-1} \supset \cdots \supset U_1 \supset U_0 = N_k \supset N_{k-1} \supset \cdots \supset N_0 = \{e\}$$

□

4.4 Verfeinerung von Normalreihen

Eine Normalreihe $G \supset H_{\ell-1} \supset \cdots \supset H_1 \supset H_0 = \{e\}$ heißt *Verfeinerung* einer Normalreihe $G = U_k \supset U_{k-1} \supset \cdots \supset U_1 \supset U_0 = \{e\}$, wenn jede Gruppe $U \in \{U_1, \ldots, U_{k-1}\}$ unter den Untergruppen H_j mit $1 \leqslant j \leqslant \ell-1$ vorkommt.

4.4 Verfeinerung von Normalreihen

Satz.
Sei G eine endliche auflösbare Gruppe, und sei
$$G = U_k \supsetneq U_{k-1} \supsetneq \cdots \supsetneq U_1 \supsetneq U_0 = \{e\}$$
irgendeine Normalreihe von G mit abelschen Faktoren. Dann lässt sich diese Normalreihe zu einer Normalreihe verfeinern, deren Faktoren von Primzahlordnung sind.

Beweis. Ist eine der Faktorgruppen U_i/U_{i-1} nicht von Primzahlordnung, so wähle $\bar{a} \in U_i/U_{i-1}$ mit $\bar{a} \neq e$ und gehe zu einer geeigneten Potenz $\bar{b} = \bar{a}^j$ über, wobei $\bar{b}$ Primzahlordnung hat. Dann erzeugt $\bar{b}$ eine Untergruppe $\bar{H} \subsetneq U_i/U_{i-1}$ von Primzahlordnung. Da U_i/U_{i-1} abelsch ist, gilt $\bar{H} \triangleleft U_i/U_{i-1}$. Sei $H = \pi^{-1}(\bar{H})$, wobei $\pi \colon U_i \to U_i/U_{i-1}$ kanonisch sei. Dann gilt $H \triangleleft U_i$ nach 1.2.(ii) und $U_i \supsetneq H \supsetneq U_{i-1}$.

Füge H in die Normalreihe von G ein. Dann erhält man eine neue Normalreihe, deren Faktoren abelsch sind, denn H/U_{i-1} ist als Untergruppe von U_i/U_{i-1} abelsch, und $U_i/H \underset{1.6}{\simeq} (U_i/U_{i-1})/(H/U_{i-1})$ ist abelsch. Da G endlich ist, kommt man durch Wiederholung dieses Verfahrens nach endlich vielen Schritten zu einer Normalreihe, deren sämtliche Faktoren von Primzahlordnung sind. □

Bemerkung. Die Voraussetzung im Satz, dass alle Faktoren abelsch seien, ist entbehrlich, wenn man noch den *Hauptsatz von Schreier über Normalreihen* anwendet, der hier ohne Beweis erwähnt sei:

Satz. *Je zwei Normalreihen*
$$G = U_k \supset U_{k-1} \supset U_{k-2} \supset \cdots \supset U_1 \supset U_0 = \{e\}$$
$$G = V_m \supset V_{m-1} \supset V_{m-2} \supset \cdots \supset V_1 \supset V_0 = \{e\}$$
einer Gruppe G besitzen isomorphe Verfeinerungen
$$G \supset \cdots \supset U_{k-1} \supset \cdots \supset U_{k-2} \supset \cdots \supset \{e\}$$
$$\simeq G \supset \cdots \supset V_{m-1} \supset \cdots \supset V_{m-2} \supset \cdots \supset \{e\}$$

Dabei heißen zwei Normalreihen *isomorph*, wenn jeder Faktor der einen Reihe zu einem Faktor der anderen Reihe isomorph ist und umgekehrt.

Ist zum Beispiel $\langle a \rangle$ eine zyklische Gruppe mit erzeugendem Element a der Ordnung 6, so sind folgende Normalreihen isomorph:
$$\langle a \rangle \supset \langle a^2 \rangle \supset \{e\} \quad \text{und} \quad \langle a \rangle \supset \langle a^3 \rangle \supset \{e\}.$$
Denn es ist $\langle a \rangle / \langle a^2 \rangle \simeq \langle a^3 \rangle / \{e\}$ und $\langle a^2 \rangle / \{e\} \simeq \langle a \rangle / \langle a^3 \rangle$.

4.5 Kommutatorgruppen

Sei G eine Gruppe. Dann heißt das Element

$$[a,b] := aba^{-1}b^{-1} \text{ mit } a,b \in G$$

der *Kommutator von a und b*. Es ist $ab = [a,b] \cdot ba$. Das Produkt von zwei Kommutatoren ist im allgemeinen kein Kommutator mehr, aber es gilt

$$[a,b]^{-1} = [b,a] \quad \text{für alle } a,b \in G$$

Die von allen Kommutatoren $[a,b]$ mit $a,b \in G$ erzeugte Untergruppe von G heißt die *Kommutatorgruppe von G*. Sie besteht aus allen (endlichen) Produkten von Kommutatoren aus G und wird als $[G,G]$ geschrieben.

Bemerkung. Es ist $[G,G]$ Normalteiler in G und $G/[G,G]$ abelsch. Es ist $[G,G]$ sogar der kleinste Normalteiler unter allen Normalteilern N in G, für die G/N abelsch ist.

Beweis. Benutze, dass $ab = ag^{-1}gb$ und $(gag^{-1})^{-1} = ga^{-1}g^{-1}$ für alle $a,g \in G$ gilt. Es folgt:

$$g[a,b]g^{-1} = gaba^{-1}b^{-1}g^{-1} = gag^{-1}gbg^{-1}ga^{-1}g^{-1}gb^{-1}g^{-1}$$
$$= [gag^{-1}, gbg^{-1}] \in [G,G].$$

Dies verallgemeinert sich für (endliche) Produkte von Kommutatoren, denn für Kommutatoren X, Y folgt stets $gXYg^{-1} = gXg^{-1}\,gYg^{-1} \in [G,G]$. Es folgt $g[G,G]g^{-1} \subset [G,G]$ für alle $g \in G$ und also $[G,G] \triangleleft G$. Ist $N \triangleleft G$ und G/N abelsch, so folgt $[a,b] \in N$ für alle $a,b \in G$ und also $[G,G] \subset N$. □

4.6 Beispiele

1. Eine Gruppe G ist genau dann abelsch, wenn $[G,G] = \{e\}$ gilt.

2. Ist G eine nicht-abelsche, einfache Gruppe. Dann ist $[G,G] = G$.

3. Seien K ein Körper, $B_n(K) \subset GL_n(K)$ die Gruppe der invertierbaren oberen Dreiecksmatrizen und $U_n(K)$ die Untergruppe der oberen Dreiecksmatrizen mit Diagonalelementen, die alle 1 sind. Dann gilt

$$U_n(K) = [B_n(K), B_n(K)]$$

Insbesondere gilt: $U_n(K) \triangleleft B_n(K)$

Für $n = 2$ und einen Körper K mit $1 + 1 \neq 0$ sieht man 3. wie folgt ein:
Seien
$$B := \left\{ \begin{pmatrix} x & y \\ 0 & z \end{pmatrix} \in M_{2 \times 2}(K) \ \Big| \ xz \neq 0 \right\}$$
$$U := \left\{ \begin{pmatrix} 1 & y \\ 0 & 1 \end{pmatrix} \ \Big| \ y \in K \right\}$$

Behauptung. $U = [B, B]$.

Beweis. „⊂" Sei $u = \begin{pmatrix} 1 & y \\ 0 & 1 \end{pmatrix} \in U$. Dann rechnet man nach, dass für
$b = \begin{pmatrix} 2 & 0 \\ 0 & 1 \end{pmatrix}$ gilt: $[b, u] = u$, also $u \in [B, B]$.

„⊃" Es genügt zu zeigen, dass alle Kommutatoren $[a, b]$ mit $a, b \in B$ in U liegen.

Seien $a = \begin{pmatrix} x & y \\ 0 & z \end{pmatrix}$ und $b = \begin{pmatrix} x' & y' \\ 0 & z' \end{pmatrix}$ in B. Dann folgt

$$[a, b] = aba^{-1}b^{-1}$$
$$= \begin{pmatrix} x & y \\ 0 & z \end{pmatrix} \begin{pmatrix} x' & y' \\ 0 & z' \end{pmatrix} \frac{1}{xz} \begin{pmatrix} z & -y \\ 0 & x \end{pmatrix} \frac{1}{x'z'} \begin{pmatrix} z' & -y' \\ 0 & x' \end{pmatrix}$$
$$= \frac{1}{xzx'z'} \begin{pmatrix} xx'zz' & * \\ 0 & zz'xx' \end{pmatrix} = \begin{pmatrix} 1 & * \\ 0 & 1 \end{pmatrix} \in U.$$

□

Bemerkung. Die Gruppe $B_n(K)$ ist auflösbar für alle $n \geqslant 2$:
Ist $n = 2$, so ist $U = [B, B]$ abelsch, und $B \supset U \supset \{e\}$ ist eine Normalreihe mit abelschen Faktoren.
Ist $n > 2$, so zeigt man dass $U_n(K)$ auflösbar ist. Da $B_n(K)/U_n(K)$ abelsch und also auflösbar ist, folgt dann, dass $B_n(K)$ auflösbar ist (vgl. 4.3(c)).

4.7 Iterierte Kommutatorgruppen

Sei G eine Gruppe. Die *i-te iterierte Kommutatorgruppe* wird induktiv definiert durch

$$D^0(G) = G, \ D^1(G) = [G, G], \ldots, D^{i+1}(G) = [D^i(G), D^i(G)]$$

Man erhält dann eine Kette von Untergruppen

$$G = D^0(G) \supset D^1(G) \supset \cdots \supset D^i(G) \supset \cdots$$

wobei $D^{i+1}(G) \triangleleft D^i(G)$ gilt und $D^i(G)/D^{i+1}(G)$ abelsch ist, vgl. 4.5.

4.8 Kriterium für Auflösbarkeit mit Kommutatoren

Satz. *Eine Gruppe G ist genau dann auflösbar, wenn es ein $k \geqslant 0$ gibt mit $D^k(G) = \{e\}$.*

Beweis. Ist $D^k(G) = \{e\}$ für ein $k \geqslant 0$, so ist die Kette in 4.7 eine Normalreihe mit abelschen Faktoren und also D auflösbar.
Ist umgekehrt eine Normalreihe
$$G = U_k \supset U_{k-1} \supset \cdots \supset U_1 \supset U_0 = \{e\}$$
mit abelschen Faktoren vorgegeben, so zeigt man mit Induktion
$$D^i(G) \subset U_{k-i}$$
für $i = 0, \ldots, k$. Es gilt dann insbesondere $D^k(G) \subset U_0 = \{e\}$.
Für $i = 0$ ist $D^0(G) = G = U_k$.
Es gelte $D^i(G) \subset U_{k-i}$ für $i < k$. Damit gilt auch
$$D^{i+1}(G) = [D^i(G), D^i(G)] \subset [U_{k-i}, U_{k-i}].$$
Da $U_{k-i}/U_{k-(i+1)}$ abelsch ist, gilt außerdem $[U_{k-i}, U_{k-i}] \subset U_{k-(i+1)}$. Es folgt $D^{i+1}(G) \subset U_{k-(i+1)}$. $\square$

Lernerfolgstest.
- Ist die Gruppe $\mathbb{Z}/29\mathbb{Z}$ auflösbar?
- Rechnen Sie nach: $[a,b]^{-1} = [b,a]$ und $(gag^{-1})^{-1} = ga^{-1}g^{-1}$.
- Versuchen Sie, Satz 4.3 zu beweisen, wenn Auflösbarkeit die Bedingung, dass es ein $k \geqslant 0$ mit $D^k(G) = \{e\}$ gibt, bedeutet.

4.9 Übungsaufgaben 23–26

Aufgabe 23. Seien p und q zwei Primzahlen. Man zeige, dass Gruppen der folgenden Ordnungen auflösbar sind:

(1) $p^2 q$,

(2) $p^r q$, wobei $p > q$ und $r \in \mathbb{N}$,

(3) 100.

Aufgabe 24. Man zeige, dass jede Gruppe der Ordnung 441 auflösbar ist.

Aufgabe 25. Man zeige, dass jede Gruppe der Ordnung 500 auflösbar ist.

Aufgabe 26. Man zeige, dass jede Gruppe der Ordnung 588 einen abelschen Normalteiler $\neq \{e\}$ besitzt.

5 Exkurs über Permutationsgruppen

Lernziel.
Fertigkeiten: Rechnen mit Permutationen
Kenntnisse: Zyklendarstellung und Vorzeichen einer Permutation, Strukturaussagen über symmetrische Gruppen

5.1 Symmetrische Gruppe S_n

Sei M eine nichtleere Menge. Dann bildet die Menge

$$S(M) := \{\pi\colon M \to M \mid \pi \text{ bijektiv}\}$$

aller bijektiven Abbildungen $M \to M$ bezüglich Hintereinanderausführung von Abbildungen eine Gruppe mit der Identität $\text{id}\colon M \to M$, $x \mapsto x$, als neutrales Element. Sie wird *symmetrische Gruppe* oder *Permutationsgruppe von M* genannt.

Im Fall $M = \{1, 2, \ldots, n\}$ bezeichnet man die symmetrischen Gruppe S(M) mit S_n. Es gilt $|S_n| = n! = 1 \cdot 2 \cdot 3 \cdot \ldots \cdot (n-1) \cdot n$.

Eine bijektive Abbildung $\pi\colon \{1,\ldots,n\} \to \{1,\ldots,n\}$ nennt man auch eine *Permutation* und schreibt

$$\pi = \begin{pmatrix} 1 & 2 & \cdots & n \\ \pi(1) & \pi(2) & \cdots & \pi(n) \end{pmatrix}$$

Beispiel.

$$n = 3: \quad \sigma = \begin{pmatrix} 1 & 2 & 3 \\ 3 & 1 & 2 \end{pmatrix} \text{ und } \tau = \begin{pmatrix} 1 & 2 & 3 \\ 2 & 1 & 3 \end{pmatrix},$$

$$\text{also } \sigma^2 = \begin{pmatrix} 1 & 2 & 3 \\ 2 & 3 & 1 \end{pmatrix} \text{ und } \sigma^3 = \sigma\sigma^2 = \begin{pmatrix} 1 & 2 & 3 \\ 1 & 2 & 3 \end{pmatrix} = \text{id},$$

$$\text{sowie } \tau^2 = \begin{pmatrix} 1 & 2 & 3 \\ 1 & 2 & 3 \end{pmatrix} = \text{id und } \sigma\tau = \begin{pmatrix} 1 & 2 & 3 \\ 1 & 3 & 2 \end{pmatrix} = \tau\sigma^2$$

$$\text{und } \sigma^2\tau = \begin{pmatrix} 1 & 2 & 3 \\ 3 & 2 & 1 \end{pmatrix} = \tau\sigma.$$

$$\text{Es folgt } S_3 = \left\{ \begin{pmatrix} 1 & 2 & 3 \\ 1 & 2 & 3 \end{pmatrix}, \begin{pmatrix} 1 & 2 & 3 \\ 3 & 1 & 2 \end{pmatrix}, \begin{pmatrix} 1 & 2 & 3 \\ 2 & 3 & 1 \end{pmatrix},\right.$$

$$\left. \begin{pmatrix} 1 & 2 & 3 \\ 2 & 1 & 3 \end{pmatrix}, \begin{pmatrix} 1 & 2 & 3 \\ 1 & 3 & 2 \end{pmatrix}, \begin{pmatrix} 1 & 2 & 3 \\ 3 & 2 & 1 \end{pmatrix} \right\}$$

$$= \{\text{id}, \sigma, \sigma^2, \tau, \sigma\tau, \sigma^2\tau\}.$$

5.2 Zyklen

Sei $r \in \mathbb{N}$, $r \geqslant 2$.

- Eine Permutation $\pi \in S_n$ heißt ein *r-Zyklus*, wenn es paarweise verschiedene Zahlen $x_1, \ldots, x_r \in \{1, 2, \ldots, n\}$ gibt mit

$$\pi(x_i) = x_{i+1} \text{ für } 1 \leqslant i < r \text{ und } \pi(x_r) = x_1$$

  sowie $\pi(x) = x$ für $x \in \{1, \ldots, n\} \setminus \{x_1, \ldots, x_r\}$.

- Ist π ein r-Zyklus, so schreibt man $\pi = (x_1, x_2, \ldots, x_r)$. Es ist dann $\pi = (x_1, \pi(x_1), \pi^2(x_1), \ldots, \pi^{r-1}(x_1))$ und $\pi^r(x_1) = x_1$.

- Zwei Zyklen $(x_1, \ldots, x_r)$ und $(y_1, \ldots, y_s)$ heißen *disjunkt*, wenn $\{x_1, \ldots, x_r\} \cap \{y_1, \ldots, y_s\} = \emptyset$.

- Ein 2-Zyklus heißt *Transposition*.

Beispiel. Für $n = 3$ gilt:

$$\sigma = (1, 3, 2),\ \sigma^2 = (1, 2, 3),\ \tau = (1, 2),\ \sigma\tau = (2, 3),\ \sigma^2\tau = (1, 3).$$

5.3 Kanonische Zyklenzerlegung einer Permutation

Die Hintereinanderausführung von Permutationen wird auch als *Produkt von Permutationen* bezeichnet.

Satz. *Sei $n \geqslant 2$. Dann gelten:*

(i) *Es ist $\pi_1 \pi_2 = \pi_2 \pi_1$ für disjunkte Zyklen π_1, π_2.*

(ii) *Jede Permutation $\pi \in S_n \setminus \{\mathrm{id}\}$ lässt sich eindeutig (bis auf die Reihenfolge der Faktoren) als Produkt von paarweise disjunkten Zyklen schreiben.*

(iii) *Jede Permutation $\pi \in S_n$ ist ein Produkt von Transpositionen.*

Beweis. (i) Klar.

(ii) Sei U die von einer Permutation $\pi \neq \mathrm{id}$ erzeugte Untergruppe in S_n, also $U = \langle \pi \rangle := \{\mathrm{id}, \pi, \pi^2, \ldots, \pi^{k-1}\}$ mit $k = \mathrm{ord}(\pi)$, vgl. AGLA 11.10. Dann operiert U auf $M = \{1, \ldots, n\}$ durch

$$U \times M \to M,\ (\pi^j, x) \mapsto \pi^j(x).$$

5.4 Das Vorzeichen einer Permutation

Jede Bahn hat die Form $B = B(x) = \{x, \pi(x), \ldots, \pi^{r-1}(x)\}$, wobei $r \in \mathbb{N}$ und $\pi^r(x) = x$. (Für $j > r$ gibt es $m \in \mathbb{N}$ und $0 \leq r' < r$ mit $j = mr + r'$, und es gilt $\pi^j(x) = \pi^{r'}(x) \in B(x)$.) Also gibt es zur Bahn B einen r-Zyklus $\pi_B := (x, \pi(x), \ldots, \pi^{r-1}(x))$ mit $r = |B|$. Seien $B_1, \ldots, B_\ell$ die Bahnen mit $|B_i| \geq 2$ für $i = 1, \ldots, \ell$. Dann ist $\pi = \pi_{B_1} \cdots \pi_{B_\ell}$ ist ein Produkt von disjunkten Zyklen.

Eindeutigkeit: Seien $\pi_1 \ldots \pi_\ell = \pi = \pi'_1 \ldots \pi'_{\ell'}$ zwei Zyklenzerlegungen von π. Zu jedem Zyklus $\pi_i = (x_1, \ldots, x_{r_i})$ gehört die Bahn $B_i := \{x_1, \ldots, x_{r_i}\}$. Analog gehört zu π'_j die Bahn B'_j. Wähle $x \in M$ mit $\pi(x) \neq x$. Dann gibt es eindeutig bestimmte Indizes i, j mit $x \in B_i$ und $x \in B'_j$. Es folgt $B_i = B_j$, da Bahnen disjunkt oder gleich sind (AGLA 11.1), und also $\pi_i = \pi'_j$. Wegen (i) kann man $\pi_i = \pi'_j$ kürzen und kommt mit einem Induktionsargument zur Eindeutigkeitsaussage.

(iii) Jeder r-Zyklus $(x_1, \ldots, x_r) \in S_n$ lässt sich zerlegen in $(x_1, \ldots, x_r)$ $= (x_1, x_2)(x_2, x_3) \ldots (x_{r-1}, x_r)$. Also folgt (iii) aus (ii) für $\pi \neq \mathrm{id}$. Es ist $\mathrm{id} = (1,2)(1,2)$. □

Beispiel. Die Permutation

$$\pi = \begin{pmatrix} 1 & 2 & 3 & 4 & 5 & 6 & 7 \\ 2 & 3 & 5 & 7 & 1 & 6 & 4 \end{pmatrix} \in S_7$$

hat die kanonische Zyklenzerlegung $\pi = (1,2,3,5)(4,7)$ und die Zerlegung $\pi = (1,2)(2,3)(3,5)(4,7)$ in Transpositionen.

5.4 Das Vorzeichen einer Permutation

Definition. Das *Vorzeichen* oder *Signum* einer Permutation $\pi \in S_n$ ist definiert durch

$$\mathrm{sign}(\pi) := \prod_{1 \leq i < j \leq n} \frac{\pi(i) - \pi(j)}{i - j}$$

Es ist $\mathrm{sign}(\pi) = \pm 1$. Im Fall $\mathrm{sign}(\pi) = 1$ heißt π eine *gerade Permutation* und im Fall $\mathrm{sign}(\pi) = -1$ eine *ungerade Permutation*.

Beispiele. (1) Sei $n = 3$ und $\sigma = (2, 1, 3) \in S_3$. Dann ist

$$\mathrm{sign}(\sigma) = \frac{3-1}{1-2} \cdot \frac{3-2}{1-3} \cdot \frac{1-2}{2-3} = 1.$$

Der Zyklus $\sigma = (2,1,3) = (2,1)(1,3)$ ist ein Produkt von zwei Transpositionen, also von einer geraden Anzahl von Transpositionen.

(2) Sei $n = 3$ und $\tau = (1,2)$ eine Transposition. Dann ist.

$$\operatorname{sign}(\tau) = \frac{2-1}{1-2} \cdot \frac{2-3}{1-3} \cdot \frac{1-3}{2-3} = -1.$$

Eine Transposition ist stets ungerade.

Satz.
Für jedes $n \geqslant 2$ ist $\operatorname{sign}\colon S_n \to \{1,-1\} \subset \mathbb{R}^*$ ein Gruppenhomomorphismus, und es gilt

$$\operatorname{sign}(\pi) = (-1)^m,$$

falls π ein Produkt von m Transpositionen ist.

Beweis. Für $\pi, \sigma \in S_n$ ist

$$\operatorname{sign}(\pi\sigma) = \prod_{1 \leqslant i < j \leqslant n} \frac{\pi\sigma(i) - \pi\sigma(j)}{i-j}$$

$$= \prod_{i<j} \frac{\pi\sigma(i) - \pi\sigma(j)}{\sigma(i) - \sigma(j)} \cdot \prod_{i<j} \frac{\sigma(i) - \sigma(j)}{i-j} = \operatorname{sign}(\pi)\operatorname{sign}(\sigma),$$

denn $\operatorname{sign}(\pi)$ unterscheidet sich von dem ersten Produkt nur durch die Reihenfolge der Faktoren. Ist $\pi = \tau_1 \cdots \tau_m$ ein Produkt von m Transpositionen, so folgt $\operatorname{sign}(\pi) = \operatorname{sign}(\tau_1) \cdot \ldots \cdot \operatorname{sign}(\tau_m) = (-1)^m$. □

Korollar. *Ist $\pi \in S_n$ ein r-Zyklus, so ist $\operatorname{sign}(\pi) = (-1)^{r-1}$.*

Beweis. Sei $\pi = (x_1, \ldots, x_r)$ ein r-Zyklus. Dann lässt sich π als Produkt $\pi = (x_1, x_2)(x_2, x_3) \ldots (x_{r-1}, x_r)$ von $r-1$ Transpositionen schreiben, und es folgt $\operatorname{sign}(\pi) = (-1)^{r-1}$. □

Korollar. *Sei $\pi \in S_n$ und $\pi \neq \operatorname{id}$. Dann ist die Anzahl der Faktoren in jeder Darstellung von π als Produkt von Transpositionen entweder gerade oder ungerade.*

Beweis. Ist eine Darstellung von π als Produkt von m Transpositionen gegeben, so folgt $\operatorname{sign}(\pi) = (-1)^m$. Für eine andere Darstellung mit k Faktoren folgt $(-1)^k = \operatorname{sign}(\pi) = (-1)^m$. Also sind k und m entweder beide gerade oder beide ungerade. □

Beispiel. Sei $n = 3$ und $\sigma = (1,2,3) \in S_3$. Dann ist

$$\sigma = (1,3)(1,2) = (2,3)(1,3) = (1,2)(1,3)(2,3)(1,2)$$

und also σ gerade.

5.5 Alternierende Gruppe A_n

Sei A_n die Menge aller geraden Permutationen in S_n. Dann ist A_n als Kern des Homomorphismus sign: $S_n \to \{1, -1\}$ Normalteiler in S_n (vgl.1.2 (ii)). Sei $n \geq 2$. Da sign surjektiv ist, folgt $S_n/A_n \simeq \{1, -1\}$ aus dem Homomorphiesatz 1.3. Die Abzählformel 2.2 ergibt also

$$(S_n : A_n) = \frac{|S_n|}{|A_n|} = |\{1, -1\}| = 2$$

und daher $|A_n| = \frac{n!}{2}$. Die Gruppe A_n wird *alternierende Gruppe* genannt.

Beispiele. (1) Für $n = 3$ ist $A_3 = \{\text{id}, (2,1,3), (1,2,3)\}$. Mit $\sigma = (2,1,3)$ gilt $A_3 = \{\text{id}, \sigma, \sigma^2\} \simeq \mathbb{Z}/3\mathbb{Z}$. Damit ist A_3 eine einfache Gruppe.

(2) Die *Kleinsche Vierergruppe* $V_4 \simeq \mathbb{Z}/2\mathbb{Z} \times \mathbb{Z}/2\mathbb{Z}$ lässt sich schreiben als $V_4 = \{\text{id}, (1,2)(3,4), (1,3)(2,4), (1,4)(2,3)\}$, also $V_4 \subset A_4 \subset S_4$. Es ist V_4 Normalteiler in A_4 (nach Aufgabe 10). Also ist A_4 nicht einfach.

5.6 Einfachheit von A_n für $n \geq 5$

Lemma 1. *Für $n \geq 3$ besteht A_n aus allen Permutationen $\pi \in S_n$, die sich als Produkt von 3-Zyklen schreiben lassen.*

Beweis. Seien $x_1, x_2, x_3 \in \{1, \ldots, n\}$ paarweise verschieden. Dann gilt

$$(x_1, x_2)(x_2, x_3) = (x_1, x_2, x_3).$$

Also ist jeder 3-Zyklus und damit jedes Produkt von 3-Zyklen in A_n. Sind x_1, x_2, x_3, x_4 paarweise verschieden in $\{1, \ldots, n\}$, so gilt

$$(x_1, x_2)(x_3, x_4) = (x_1, x_3, x_2)(x_1, x_3, x_4).$$

Insgesamt folgt, dass jedes Produkt einer geraden Anzahl von Transpositionen, und also jedes Element von A_n, ein Produkt von 3-Zyklen ist. $\square$

Lemma 2. *Für $n \geq 5$ sind alle 3-Zyklen konjugiert in A_n.*

Beweis. Sei (x_1, x_2, x_3) ein 3-Zyklus in A_n. Es genügt zu zeigen, dass es ein $\pi \in A_n$ gibt mit $\pi(1,2,3)\pi^{-1} = (x_1, x_2, x_3)$. Da $n \geq 5$, gibt es zwei Zahlen $x_4, x_5 \in \{1, \ldots, n\}$, so dass $x_1, \ldots, x_5$ paarweise verschieden sind. Dann gilt entweder $\pi := \begin{pmatrix} 1 & 2 & 3 & 4 & 5 & \ldots & n \\ x_1 & x_2 & x_3 & x_4 & x_5 & \ldots & x_n \end{pmatrix} \in A_n$ oder

$$\pi' := (x_4, x_5) \begin{pmatrix} 1 & 2 & 3 & 4 & 5 & \cdots & n \\ x_1 & x_2 & x_3 & x_4 & x_5 & \cdots & x_n \end{pmatrix} \in A_n \text{ nach Satz 5.4.}$$

Es folgt

$$\pi(1,2,3)\pi^{-1} = (\pi(1), \pi(2), \pi(3)) \quad \text{(vgl. Aufgabe 29 c))}$$
$$= (x_1, x_2, x_3) = (\pi'(1), \pi'(2), \pi'(3)) = \pi'(1,2,3){\pi'}^{-1}$$

Also ist (x_1, x_2, x_3) zu $(1,2,3)$ in A_n konjugiert. □

Satz. *Für $n \geqslant 5$ ist A_n eine einfache Gruppe.*

Beweis. Sei $N \triangleleft A_n$ und $N \neq \{\text{id}\}$. Zu zeigen: $N = A_n$. Dazu genügt es, zu zeigen, dass N einen 3-Zyklus $z = (z_1, z_2, z_3)$ enthält, denn dann folgt $\pi z \pi^{-1} \in N$ für alle $\pi \in A_n$, da $N \triangleleft A_n$, und mit den Lemmata 1,2 folgt dann $N = A_n$.
Sei $\sigma \in N$. Benutze die Zyklenzerlegung 5.3 von σ.

1.Fall: Es gibt einen Zyklus $(x_1, x_2, x_3, \ldots, x_r)$ mit $r \geqslant 4$ in der Zyklenzerlegung von σ. Setze $\tau = (x_1, x_2, x_3)$. Dann folgt

$$\sigma \tau \sigma^{-1} \tau^{-1} = \sigma(x_1, x_2, x_3)\sigma^{-1}\tau^{-1} = (\sigma(x_1), \sigma(x_2), \sigma(x_3))\tau^{-1}$$
$$= (x_2, x_3, x_4)(x_3, x_2, x_1) = (x_1, x_4, x_2)$$

Und wegen $\sigma \in N$ und $\tau\sigma^{-1}\tau^{-1} \in N$ folgt $(x_1, x_4, x_2) \in N$.

2.Fall: In der Zyklenzerlegung von σ kommen nur Transpositionen und mindestens ein 3-Zyklus vor.
Ist σ selbst kein 3-Zyklus, so folgt $\sigma = (x_1, x_2, x_3)(x_4, x_5)\cdots$ oder $\sigma = (x_1, x_2, x_3)(x_4, x_5, x_6)\cdots$.
Setze $\tau = (x_1, x_2, x_4)$, so folgt wie im 1. Fall

$$\sigma\tau\sigma^{-1}\tau^{-1} = (\sigma(x_1), \sigma(x_2), \sigma(x_4))(x_4, x_2, x_1)$$
$$= (x_2, x_3, x_5)(x_4, x_2, x_1)$$
$$= (x_1, x_4, x_3, x_5, x_2).$$

Also enthält N auch einen 5-Zyklus. Den gesuchten 3-Zyklus in N finden wir jetzt wie im 1. Fall.

3.Fall: σ ist ein Produkt von disjunkten Transpositionen. Da σ gerade ist, ist σ selbst keine Transposition.
Sei $\sigma = (x_1, x_2)(x_3, x_4)\cdots$. Setze $\tau = (x_2, x_3, x_4)$. Dann gilt

$$N \ni \sigma\tau\sigma^{-1}\tau^{-1} = (\sigma(x_2), \sigma(x_3), \sigma(x_4))(x_4, x_3, x_2)$$
$$= (x_1, x_4, x_3)(x_4, x_3, x_2) = (x_1, x_4)(x_2, x_3) =: \pi_1$$

5.7 S_n ist für $n \geqslant 5$ nicht auflösbar

Setze $\varrho = (x_1, x_4, x_5)$ mit $x_5 \neq x_1$. Dann gilt

$$N \ni \varrho \pi_1 \varrho^{-1} = \varrho(x_1, x_4)\varrho^{-1}\varrho(x_2, x_3)\varrho^{-1} = (\varrho(x_1), \varrho(x_4))(\varrho(x_2), \varrho(x_3))$$
$$= (x_4, x_5)(x_2, x_3) =: \pi_2$$

Es folgt: $N \ni \pi_1 \cdot \pi_2 = (x_1, x_4)(x_4, x_5) = (x_1, x_4, x_5)$.

$\square$

Bemerkung. Es ist $|A_5| = \frac{5!}{2} = 60$, und A_5 ist die kleinste nicht-abelsche einfache Gruppe.

5.7 S_n ist für $n \geqslant 5$ nicht auflösbar

Satz.
Die symmetrische Gruppe S_n ist für $n \leqslant 4$ auflösbar und für alle $n \geqslant 5$ nicht auflösbar.

Beweis. Man hat folgende Normalreihen:

$$S_2 \supset \{\text{id}\}, \quad S_3 \supset A_3 \supset \{\text{id}\}, \text{ und } S_4 \supset A_4 \supset V_4 \supset \{\text{id}\}.$$

Alle Faktorgruppen sind abelsch, denn

$$S_3/A_3 \simeq \mathbb{Z}/2\mathbb{Z} \simeq S_4/A_4 \qquad \text{wegen } (S_n : A_n) \underset{5.5}{=} 2,$$

$$A_3 \simeq \mathbb{Z}/3\mathbb{Z} \simeq A_4/V_4 \qquad \text{wegen } |A_3| = 3 = \frac{12}{4} = \frac{|A_4|}{|V_4|}.$$

Sei $n \geqslant 5$. Wäre S_n auflösbar, so wäre auch die Untergruppe A_n auflösbar (vgl. 4.3). Dann wäre aber $A_n \simeq A_n/\{\text{id}\}$ abelsch, da A_n nach 5.6 einfach ist und also nur die Normalreihe $A_n \supset \{\text{id}\}$ besitzt. Dies ist ein Widerspruch, da A_n für $n \geqslant 5$ nicht-abelsch ist. $\square$

5.8 Bemerkung über Transpositionen

Nach 5.3 (iii) ist jede Permutation $\pi \in S_n$ ein Produkt von Transpositionen (x, y) mit $x, y \in \{1, \ldots, n\}$. Da

$$(x, y) = (1, y)(1, x)(1, y) \text{ für } x, y \in \{2, \ldots, n\}$$

gilt, wird S_n sogar von den Transpositionen $(1, x)$ mit $x \in \{2, \ldots, n\}$ erzeugt. Man schreibt

$$S_n = \langle (1, x) \mid x \in \{2, \ldots, n\} \rangle.$$

5 Exkurs über Permutationsgruppen

Lernerfolgstest.
- Berechnen Sie den Index $(S_{n+1} : S_n)$.
- Ist eine Transposition gerade oder ungerade?
- Wieso ist A_n Normalteiler in S_n? Geben Sie mindestens zwei Begründungen an.
- Wieso ist V_4 Normalteiler in A_4?
- Stellen Sie $(1,2,3,4)^{21}$ in S_4 als Produkt von Transpositionen dar.

5.9 Übungsaufgaben 27 – 30

Aufgabe 27. Es sei $\pi \in S_{15}$ die Permutation

$$\pi = \begin{pmatrix} 1 & 2 & 3 & 4 & 5 & 6 & 7 & 8 & 9 & 10 & 11 & 12 & 13 & 14 & 15 \\ 1 & 3 & 5 & 7 & 9 & 11 & 13 & 15 & 2 & 4 & 6 & 8 & 10 & 12 & 14 \end{pmatrix}.$$

(a) Man bestimme die kanonische Zyklenzerlegung von π.

(b) Man stelle π als Produkt von Transpositionen dar.

(c) Man berechne das Vorzeichen von π.

Aufgabe 28. Man berechne in S_5 die Potenzen π^i für $0 \leqslant i \leqslant 5$ von

$$\begin{pmatrix} 1 & 2 & 3 & 4 & 5 \\ 4 & 5 & 1 & 3 & 2 \end{pmatrix} (2,3).$$

Aufgabe 29. Sei $\sigma = (x_1, \ldots, x_r)$ ein r-Zyklus in S_n. Man zeige:

(a) Die Ordnung von σ ist gleich r.

(b) Es ist $\sigma^{-1} = (x_r, x_{r-1}, \ldots, x_1)$.

(c) Es gilt $\pi\sigma\pi^{-1} = (\pi(x_1), \ldots, \pi(x_r))$ für jede Permutation $\pi \in S_n$.

Aufgabe 30. Man berechne in S_5 die Konjugierten $\pi\sigma\pi^{-1}$ für

(i) $\pi = (2,3), \quad \sigma = (3,4)(2,5)$

(ii) $\pi = (1,2)(2,3), \quad \sigma = (1,3,5)$

(iii) $\pi = (1,2)(3,4,1), \quad \sigma = (1,2,3,4,5)$

Ringe

6 Grundbegriffe der Ringtheorie

Lernziel.
<u>Fertigkeiten</u>: Rechnen mit Idealen und Polynomen, Bruchrechnung in kommutativen Ringen
<u>Kenntnisse</u>: Kern und Bild von Ringhomomorphismen, Ideale, Gradaussagen für Polynome

6.1 Definition eines Ringes

Definition. Eine Menge R, die mit zwei Verknüpfungen

$$+ : R \to R, \ (a,b) \mapsto a+b,$$
$$\cdot : R \to R, \ (a,b) \mapsto ab,$$

versehen sei, heißt *Ring*, wenn gelten:

1. R ist bezüglich $+$ eine abelsche Gruppe (mit neutralem Element 0).

2. $(a+b)c = ac+bc$ und $a(b+c) = ab+ac$ für alle $a,b,c \in R$

3. $(ab)c = a(bc)$ für alle $a,b,c \in R$

4. Es gibt ein *Einselement* $e \in R$ mit $ea = a = ae$ für alle $a \in R$ (Wir schreiben meist 1 oder 1_R statt e).

Ein Ring R heißt *kommutativ*, falls $ab = ba$ für alle $a,b, \in R$ gilt.

6.2 Einheiten und Nullteiler

Definition. Sei R ein Ring, und sei

$$R^* := \{a \in R \mid \exists b \in R \text{ mit } ab = 1 = ba\}$$

die Menge der *multiplikativ invertierbaren Elemente* oder *Einheiten* in R. Es ist R^* bezüglich Multiplikation eine Gruppe, die *Einheitengruppe von R*.

Ein Element $a \in R$ heißt *Nullteiler*, falls es ein $b \in R \setminus \{0\}$ gibt mit $ab = 0$ oder $ba = 0$. Der Ring R heißt *nullteilerfrei*, falls 0 der einzige Nullteiler in R ist. Ein nullteilerfreier kommutativer Ring $R \neq \{0\}$ heißt *Integritätsring* oder *Integritätsbereich*.

6.3 Beispiele

1. $\mathbb{Z}$ ist ein Integritätsring mit Einheitengruppe $\mathbb{Z}^* = \{1, -1\}$.

2. Jeder Körper K ist ein Integritätsring mit Einheitengruppe $K^* = K \setminus \{0\}$.

3. Ein *Schiefkörper* ist ein Ring $R \neq \{0\}$, in dem jedes Element $\neq 0$ invertierbar ist. Es ist dann $R^* = R \setminus \{0\}$. Zum Beispiel ist

$$\mathbb{H} := \left\{ \begin{pmatrix} z & u \\ -\bar{u} & \bar{z} \end{pmatrix} \in M_{2 \times 2}(\mathbb{C}) \right\}$$

ein Schiefkörper bezüglich Matrizenmultiplikation und -addition. (Dabei bedeutet $\bar{z}$ die zu z konjugiert komplexe Zahl.) Man rechnet leicht nach, dass mit $a, b \in \mathbb{H}$ auch $a + b$ und ab aus $\mathbb{H}$ sind.

Für $a = \begin{pmatrix} z & u \\ -\bar{u} & \bar{z} \end{pmatrix}$ ist $\det(a) = z\bar{z} + u\bar{u} \neq 0$, falls $a \neq 0$, und

$$a^{-1} = \frac{1}{\det(a)} \begin{pmatrix} \bar{z} & -u \\ \bar{u} & z \end{pmatrix} \in \mathbb{H}.$$

Für $a = \begin{pmatrix} 0 & 1 \\ -1 & 0 \end{pmatrix}$ und $b = \begin{pmatrix} i & 0 \\ 0 & -i \end{pmatrix}$ gilt $ab = -ba$. Der *Quaternionenschiefkörper* $\mathbb{H}$ ist also nicht kommutativ (Hamilton 1844).

4. Für $n \geqslant 2$ bildet die Menge $M_{n \times n}(K)$ der $(n \times n)$-Matrizen mit Einträgen aus einem Körper K bezüglich Matrizenaddition und Matrizenmultiplikation einen Ring, der nicht kommutativ ist und Nullteiler $\neq 0$ besitzt,

z.B. $\begin{pmatrix} 1 & 0 \\ 0 & 0 \end{pmatrix} \begin{pmatrix} 0 & 0 \\ 1 & 0 \end{pmatrix} = \begin{pmatrix} 0 & 0 \\ 0 & 0 \end{pmatrix}$.

Es ist $(M_{n \times n}(K))^* = GL_n(K) = \{x \in M_{n \times n}(K) \mid \det(x) \neq 0\}$.

5. Ist V ein K-Vektorraum, so ist
$$\text{End}_K(V) = \{f \colon V \to V \mid f \text{ ist } K\text{-linear}\}$$
ein Ring bezüglich
$$f + g \colon V \to V, \ v \mapsto f(v) + g(v)$$
$$f \circ g \colon V \to V, \ v \mapsto f(g(v)).$$

Dabei ist $v \mapsto \vec{0}$ das Nullelement und $\text{id} \colon v \mapsto v$ das Einselement.

6. Ist $M \neq \emptyset$ eine Menge und ist R ein Ring, so ist die Menge aller Abbildungen $M \to R$ ein Ring mit
$$f + g \colon M \to R, \ x \mapsto f(x) + g(x)$$
$$f \cdot g \colon M \to R, \ x \mapsto f(x)g(x)$$
für Abbildungen $f, g \colon M \to R$. Dabei ist $x \mapsto 0$ das Nullelement und $x \mapsto 1$ das Einselement.

6.4 Unterringe

Definition. Sei S ein Ring. Eine Teilmenge $R \subset S$ heißt *Unterring von S*, wenn R bezüglich Addition eine Untergruppe ist, und wenn $1 \in R$ und $ab \in R$ für alle $a, b \in R$ gilt.

Ein Unterring R von S ist selbst ein Ring, und S heißt *Ringerweiterung von R*.

Beispiele. Mit der üblichen Addition und Multiplikation gilt:

- $\mathbb{Z}$ ist ein Unterring von $\mathbb{Q}$.
- $\mathbb{Q}$ ist ein Unterring von $\mathbb{R}$.

6.5 Ideale

Ideale spielen in der Ringtheorie eine ähnlich wichtige Rolle wie Normalteiler in der Gruppentheorie.

Definition. Sei R ein Ring. Eine additive Untergruppe $\mathfrak{I}$ von R heißt *Linksideal*, wenn

$$\boxed{rx \in \mathfrak{I} \quad \text{für alle } r \in R, x \in \mathfrak{I}}$$

und *Rechtsideal*, wenn

$$\boxed{xr \in \mathfrak{I} \quad \text{für alle } r \in R, x \in \mathfrak{I}}$$

sowie *zweiseitiges Ideal* oder kurz *Ideal*, wenn $\mathfrak{I}$ sowohl Links- als auch Rechtsideal ist.

Bemerkung. Ist R kommutativ, so ist jedes Linksideal ein Ideal und jedes Rechtsideal ebenfalls. Man unterscheidet dann nicht zwischen Links- und Rechtsidealen.

Beispiele. Sei $R = \mathrm{M}_{2\times 2}(\mathbb{R})$.

1. Sei $\mathfrak{I} := \left\{ \begin{pmatrix} a & 0 \\ b & 0 \end{pmatrix} \;\middle|\; a,b \in \mathbb{R} \right\}$. Dann ist $\mathfrak{I}$ ein Linksideal in R, denn

    $\mathfrak{I}$ ist additive Untergruppe von R, und für $r = \begin{pmatrix} a_{11} & a_{12} \\ a_{21} & a_{22} \end{pmatrix} \in R$ ist

    $$r \begin{pmatrix} a & 0 \\ b & 0 \end{pmatrix} = \begin{pmatrix} a_{11}a + a_{12}b & 0 \\ a_{21}a + a_{22}b & 0 \end{pmatrix} \in \mathfrak{I}.$$

    Aber $\mathfrak{I}$ ist kein Rechtsideal in R, denn für $a \neq 0$ und
    $r = \begin{pmatrix} 0 & 1 \\ 1 & 0 \end{pmatrix}$ ist $\begin{pmatrix} a & 0 \\ b & 0 \end{pmatrix} r = \begin{pmatrix} 0 & a \\ 0 & b \end{pmatrix} \notin \mathfrak{I}$.

2. Sei $\mathfrak{I} = \left\{ \begin{pmatrix} a & b \\ 0 & 0 \end{pmatrix} \;\middle|\; a,b \in \mathbb{R} \right\}$. Dann ist $\mathfrak{I}$ ein Rechtsideal, aber kein Linksideal.

6.6 Summe, Durchschnitt und Produkt von Idealen

Seien $\mathfrak{I}, \mathfrak{J}$ zwei Ideale in einem Ring R. Dann erhält man damit folgende weitere Ideale

$$\mathfrak{I} + \mathfrak{J} := \{x + y \mid x \in \mathfrak{I}, y \in \mathfrak{J}\}$$
$$\mathfrak{I} \cap \mathfrak{J} := \{x \in R \mid x \in \mathfrak{I} \text{ und } x \in \mathfrak{J}\}.$$
$$\mathfrak{I} \cdot \mathfrak{J} := \left\{ \sum_{\text{endl.}} x_i y_i \;\middle|\; x_i \in \mathfrak{I}, y_i \in \mathfrak{J} \right\}$$

6.7 Erzeugung von Idealen

Es gilt stets $\mathfrak{I}\mathfrak{J} \subset \mathfrak{I} \cap \mathfrak{J}$ (vgl. Aufgabe 34).
Analog kann man das Produkt von endlich vielen Idealen bilden, sowie Summe und Durchschnitt beliebig vieler Ideale. Mit einer passenden Indexmenge hat dann das Summenideal die Form

$$\sum_{i \in I} \mathfrak{I} = \left\{ \sum_{i \in I} x_i \ \Big| \ x_j = 0 \text{ bis auf endlich viele } i \right\}$$

6.7 Erzeugung von Idealen

Sei R ein Ring. Jedes Element $a \in R$ erzeugt ein Linksideal

$$\boxed{Ra = \{ra \mid r \in R\}}$$

Jede Familie $(a_i \mid i \in I)$ von Elementen aus R erzeugt ein Linksideal

$$\sum_{i \in I} Ra_i = \left\{ \sum_{i \in I} r_i a_i \ \Big| \ r_i \in R, \text{ nur endlich viele } r_i \neq 0 \right\}$$

und ein Ideal

$$\sum_{i \in I} Ra_i R = \left\{ \sum_{i \in I} r_i a_i s_i \ \Big| \ r_i, s_i \in R, \text{ nur endlich viele Summanden } \neq 0 \right\}$$

- Sei R ein kommutativer Ring. Dann heißt ein Ideal $\mathfrak{I}$ *endlich erzeugt*, wenn es endlich viele Elemente $a_1, \ldots, a_n \in R$ gibt so, dass

$$\mathfrak{I} = \{r_1 a_1 + \cdots + r_n a_n \mid r_1, \ldots, r_n \in R\}$$

gilt. Man schreibt dann $\boxed{\mathfrak{I} = (a_1, \ldots, a_n)}$

- R heißt *noethersch*, falls jedes Ideal in R endlich erzeugt ist.

6.8 Hauptidealringe

Sei R ein kommutativer Ring. Ein Ideal $\mathfrak{I}$, das von einem Element erzeugt wird, heißt *Hauptideal*. Es ist dann

$$\boxed{\mathfrak{I} = (a) = \{ra \mid r \in R\}}$$

mit einem $a \in R$. Ein Integritätsring, in dem jedes Ideal Hauptideal ist, heißt *Hauptidealring*. Ein Hauptidealring ist stets noethersch.

Beispiel. Jeder Körper K ist ein Hauptidealring, denn K besitzt als einzige Ideale die beiden Hauptideale (0) und $(1) = K$.

Satz. *$\mathbb{Z}$ ist ein Hauptidealring.*

Beweis. Nach AGLA, Satz 11.5, hat jede Untergruppe von $\mathbb{Z}$ die Gestalt $n\mathbb{Z}$ mit einem $n \in \mathbb{Z}$. Da jedes Ideal in $\mathbb{Z}$ insbesondere eine Untergruppe von $\mathbb{Z}$ ist (bezüglich Addition), folgt die Behauptung. □

Schreibweisen für Hauptideale in R sind auch $(a) = Ra = aR$.

6.9 Ringhomomorphismen

Seien R und R' zwei Ringe. Dann heißt eine Abbildung $f\colon R \to R'$ ein Homomorphismus, falls gelten:

$$f(x+y) = f(x) + f(y)$$
$$f(xy) = f(x)f(y) \quad \text{für alle } x, y \in R$$
$$\text{und } f(1_R) = 1_{R'}$$

Satz.
Ist $f\colon R \to R'$ ein Homomorphismus von Ringen, so ist

$$\mathrm{kern}(f) := \{x \in R \mid f(x) = 0\}$$

ein Ideal in R, und $\mathrm{bild}(f) := \{r' \in R' \mid r' = f(r) \text{ für ein } r \in R\}$ *ist ein Unterring von R'.*

Beweis. $\mathrm{kern}(f)$ ist eine additive Untergruppe von R. Seien $r \in R$ und $x \in \mathrm{kern}(f)$, dann ist $f(x) = 0$ und also $f(rx) = f(r)f(x) = 0$. Es folgt $rx \in \mathrm{kern}(f)$. Analog ist $xr \in \mathrm{kern}(f)$. Also ist $\mathrm{kern}(f)$ ein Ideal in R. Es ist $\mathrm{bild}(f)$ eine additive Untergruppe von R', und es gilt $1_{R'} \in \mathrm{bild}(f)$. Für $a, b \in \mathrm{bild}(f)$ gibt es $x, y \in R$ mit $f(x) = a$ und $f(y) = b$. Es folgt $ab = f(x)f(y) = f(xy) \in \mathrm{bild}(f)$, so dass $\mathrm{bild}(f)$ ein Unterring von R' ist. □

Folgerung. Sei K ein Körper, und sei R ein Ring $\neq \{0\}$. Dann ist jeder Homomorphismus $f\colon K \to R$ injektiv.

Beweis. Da $f(1) = 1 \neq 0$ gilt, ist f nicht die Nullabbildung $x \mapsto 0$. Es folgt $\mathrm{kern}(f) = (0)$, da K als Körper keine weiteren echten Ideale enthält. □

6.10 Quotientenringe

Sei R ein kommutativer Ring.

Definition. Eine Teilmenge $S \subset R \setminus \{0\}$ heißt *multiplikativ abgeschlossen*, wenn $1 \in S$ und wenn für alle $s, s' \in S$ auch $ss' \in S$ gilt.

Beispiele. Multiplikativ abgeschlossene Mengen sind:

1. R^*, die Menge der invertierbaren Elemente in R.

2. Die Menge der Potenzen $r^n, n \geqslant 0$, eines Elementes $r \in R \setminus \{0\}$.

3. Die Menge der Nichtnullteiler in R.

4. $R \setminus \{0\}$, falls R ein Integritätsring ist.

Sei S eine multiplikativ abgeschlossene Menge in R. Dann konstruiert man wie folgt einen Quotientenring:

$$S^{-1}R := \left\{ \frac{r}{s} \mid r \in R, s \in S \right\}$$

Definiere für $(r, s), (r', s') \in R \times S$ eine Relation

$$\boxed{(r, s) \sim (r', s')} \iff \boxed{\exists\, t \in S \text{ mit } t(rs' - sr') = 0}.$$

Ist R ein Integritätsring, so kommt man ohne das $t \in S$ aus, und die Relation besagt $\frac{r}{s} = \frac{r'}{s'}$, so wie wir es von den rationalen Zahlen her gewohnt sind. Wir zeigen nun, dass die Relation eine Äquivalenzrelation ist.
Es gilt offensichtlich $(r, s) \sim (r, s)$ und: $(r, s) \sim (r', s') \Longrightarrow (r', s') \sim (r, s)$.
Sei nun $(a, s) \sim (b, u)$ und $(b, u) \sim (c, v)$ mit $a, b, c \in R$, $s, u, v \in S$. Dann gibt es $t, t' \in S$ mit

$$t(au - sb) = 0 \quad \text{und} \quad t'(bv - uc) = 0\,.$$

Multipliziert man die linke Gleichung mit $t'v$, die rechte mit ts und addiert beide Gleichungen, so heben sich die Summanden mit dem Faktor b weg, und wir erhalten $tt'u(av - sc) = 0$, woraus $(a, s) \sim (c, v)$ folgt.

Sei $\frac{r}{s} := \{(r', s') \in R \times S \mid (r', s') \sim (r, s)\}$ die Äquivalenzklasse von $(r, s) \in R \times S$, und sei $S^{-1}R = \{\frac{r}{s} \mid r \in R, s \in S\}$. Definiere $\frac{r}{s} + \frac{r'}{s'} = \frac{rs' + r's}{ss'}$ und $\frac{r}{s} \cdot \frac{r'}{s'} = \frac{rr'}{ss'}$ und zeige, dass Summe und Produkt dadurch wohldefiniert sind und dass $S^{-1}R$ ein kommutativer Ring ist. Man nennt $S^{-1}R$ den *Quotientenring von R bezüglich S*.

Satz.
Die kanonische Abbildung $\iota\colon R \to S^{-1}R$, $r \mapsto \frac{r}{1}$ ist ein Ringhomomorphismus mit $\operatorname{kern}(\iota) = \{r \in R \mid sr = 0 \text{ für ein } s \in S\}$.

Beweis. Die Homomorphie ist ersichtlich. Sei $r \in \operatorname{kern}(\iota)$. Dann ist $\iota(r) = \frac{r}{1} = \frac{0}{1}$, also $(r,1) \sim (0,1)$. Dann gilt $0 = t(r \cdot 1 - 1 \cdot 0) = tr$ mit einem $t \in S$. Ist umgekehrt $sr = 0$ für ein $s \in S$, so gilt $\frac{r}{1} = \frac{sr}{s} = \frac{0}{s} = \frac{0}{1}$ und also $r \in \operatorname{kern}(\iota)$. □

Universelle Eigenschaft des Quotientenrings.
Sei $g\colon R \longrightarrow R'$ ein Homomorphismus von kommutativen Ringen so, dass $g(s)$ eine Einheit für jedes $s \in S$ ist. Dann gibt es genau einen Ringhomomorphismus $h\colon S^{-1}R \to R'$ mit $g = h \circ \iota$.
Es gibt also ein kommutatives Diagramm

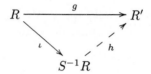

Beweis. Wir setzen $h(\frac{r}{s}) := \frac{g(r)}{g(s)}$ für $r \in R$, $s \in S$. Ist $\frac{r}{s} = \frac{r'}{s'}$, so gibt es ein $t \in S$ mit $t(rs' - sr') = 0$, also mit $g(t)\bigl(g(r)g(s') - g(s)g(r')\bigr) = 0$. Da $g(t)$ eine Einheit ist, folgt $\frac{g(r)}{g(s)} = \frac{g(r')}{g(s')}$, und h ist also wohldefiniert. Da g ein Ringhomomorphismus ist, ist auch h ein solcher. Es gilt $h(\iota(r)) = h(\frac{r}{1}) = g(r)$ für alle $r \in R$. Sei nun $h'\colon S^{-1}R \longrightarrow R'$ ein weiterer Ringhomomorphismus mit $g = h' \circ \iota$. Dann gilt $h(\frac{r}{1}) = g(r) = h'(\frac{r}{1})$ für alle $r \in R$. Es folgt $h(\frac{r}{s}) = h(\frac{r}{1}) \cdot h(\frac{s^{-1}}{1}) = g(r) \cdot g(s^{-1}) = h'(\frac{r}{1}) \cdot h'(\frac{s^{-1}}{1}) = h'(\frac{r}{s})$. □

6.11 Quotientenkörper

Sei R ein Integritätsring (wie in 6.2 definiert). Dann ist der kanonische Homomorphismus $\iota\colon R \to S^{-1}R$ injektiv für jede multiplikativ abgeschlossene Menge S in R, denn es ist $\operatorname{kern}(\iota) = \{r \in R \mid sr = 0 \text{ für ein } s \in S\}$ nach Satz 6.10. Ist speziell $S = R \setminus \{0\}$, so ist $S^{-1}R$ ein Körper, genannt *Quotientenkörper*.

Beispiel. $\mathbb{Q}$ ist der Quotientenkörper von $\mathbb{Z}$.

Definition. Ist K ein Körper, dann nennt man den Quotientenkörper des Polynomrings $K[X]$ den *Körper der rationalen Funktionen in einer Unbestimmten über K* und schreibt $K(X)$ dafür.

6.12 Polynomringe

Sei R ein kommutativer Ring, und sei P die Menge aller Folgen (a_i), wobei $a_i \in R$ für $i \in \mathbb{N} \cup \{0\}$ und $a_i \neq 0$ für nur endlich viele i gelte. Definiere in P eine Addition und Multiplikation

$$(a_i) + (b_i) := (a_i + b_i) \text{ und } (a_i)(b_i) := \left(\sum_{j=0}^{i} a_j b_{i-j} \right).$$

Dann ist P ein kommutativer Ring mit Einselement $(1, 0, 0, \ldots)$. Setze $X = (0, 1, 0, \ldots)$. Dann ist $X^2 = (0, 0, 1, 0, \ldots)$ und allgemein $X^n = (0, \ldots, 0, 1, 0, \ldots)$ mit einer Eins an der $(n+1)$-ten Stelle. Es ist

$$R \to P, \ a \mapsto (a, 0, \ldots)$$

ein injektiver Ringhomomorphismus. Identifiziere die Elemente $a \in R$ mit ihrem Bild $(a, 0, \ldots)$. Dann folgt:

$$(a_0, a_1, a_2, \ldots, a_n, 0, \ldots) = a_0 + a_1 X + a_2 X^2 + \cdots + a_n X^n,$$

wobei $a_i = 0$ für $i > n$ gilt. Man erhält so P als *Polynomring*

$$R[X] = \left\{ \sum_{i=0}^{n} a_i X^i \ \middle| \ a_i \in R, \ n \in \mathbb{N} \cup \{0\} \right\}$$

mit der Addition

$$\sum_{i=0}^{n} a_i X^i + \sum_{j=0}^{m} b_j X^j = \sum_{i=0}^{\max(n,m)} (a_i + b_i) X^i$$

und der Multiplikation:

$$\left(\sum_{i=0}^{n} a_i X^i \right) \left(\sum_{j=0}^{m} b_j X^j \right) = \sum_{i=0}^{n+m} \left(\sum_{j=0}^{i} a_j b_{i-j} \right) X^i.$$

In Kapitel 21 wird die obige Konstruktion verallgemeinert, um den Polynomring in beliebig vielen Unbstimmten zu definieren. Dort wird auch die *universelle* Eigenschaft des Polynomrings gezeigt, die dann seine Eindeutigkeit (bis auf einen Isomorphismus) garantiert.

6.13 Der Grad eines Polynoms

Definition. Sei R ein kommutativer Ring, und sei

$$f = a_0 + a_1 X + \cdots + a_n X^n \in R[X]$$

ein *Polynom*. Dann ist der *Grad von f* definiert als

$$\mathrm{grad}(f) := \max\{i \mid a_i \neq 0\}.$$

Das konstante Polynom $a_0 \neq 0$ hat den Grad 0, und dem Nullpolynom 0 schreibt man den Grad $-\infty$ zu.
Ist $\mathrm{grad}(f) = n$, so heißen a_n *Leitkoeffizient* und $a_n X^n$ *Leitterm* von f. Ist $a_n = 1$, so heißt f *normiert*.

Gradformeln. *Für Polynome $f, g \in R[X]$ gilt*

a) $\mathrm{grad}(f+g) \leqslant \max(\mathrm{grad}(f), \mathrm{grad}(g))$,

b) $\mathrm{grad}(f \cdot g) \leqslant \mathrm{grad}(f) + \mathrm{grad}(g)$.

c) *Ist R Integritätsring oder ist der Leitkoeffizient von f oder g in R^*, so gilt* $\mathrm{grad}(fg) = \mathrm{grad}(f) + \mathrm{grad}(g)$.

Beweis. Für $f = 0$ oder $g = 0$ sind die Formeln erfüllt. Seien $n := \mathrm{grad}(f)$ und $k := \mathrm{grad}(g)$ beide $\geqslant 0$, und seien

$$f = \sum_{i=0}^{n} a_i X^i \quad \text{und} \quad g = \sum_{j=0}^{k} b_j X^j.$$

Dann ist $a_i + b_i = 0$ für $i > \max(n,k)$ nach Definition der Addition in 6.12. Es folgt a). Ferner ist $\sum_{j=0}^{i} a_j b_{i-j} = 0$ für $i > n+k$ nach Definition der Multiplikation in 6.12. Es folgt b). Wegen $\mathrm{grad}(f) = n$ und $\mathrm{grad}(g) = k$ gilt $a_n \neq 0$ und $b_k \neq 0$. Ist R ein Integritätsring oder ist a_n oder b_k in R^*, so folgt $a_n b_k \neq 0$, woraus c) folgt. □

Folgerung. *Sei R ein Integritätsring. Dann ist $R[X]$ ein Integritätsring, und es ist $(R[X])^* = R^*$.*

Beweis. Seien f, g beide $\neq 0$. Dann gilt $\mathrm{grad}(f) \geqslant 0$ und $\mathrm{grad}(g) \geqslant 0$, und es folgt $\mathrm{grad}(fg) = \mathrm{grad}(f) + \mathrm{grad}(g) \geqslant 0$. Also ist $fg \neq 0$.
Ist f invertierbar, dann gibt es $f^{-1} \in R[X]$ mit $ff^{-1} = 1$. Es folgt

$$0 = \mathrm{grad}(1) = \mathrm{grad}(ff^{-1}) = \mathrm{grad}(f) + \mathrm{grad}(f^{-1}).$$

Wegen $\mathrm{grad}(f) \geqslant 0$ und $\mathrm{grad}(f^{-1}) \geqslant 0$ folgt $\mathrm{grad}(f) = 0$, also $f \in R^*$. □

6.14 Hilbertscher Basissatz

Sei R ein kommutativer Ring. Dann heißt R *noethersch*, wenn jedes Ideal in R endlich erzeugt ist.

Satz.
Wenn R noethersch ist, dann ist auch der Polynomring $R[X]$ noethersch.

Beweis. Sei R noethersch. Angenommen, es gäbe ein Ideal $\mathfrak{J}$ in $R[X]$, das nicht endlich erzeugt ist. Dann könnten wir induktiv eine Folge von Polynomen $f_1, \ldots, f_j, \ldots$ in $\mathfrak{J} \setminus \{0\}$ so wählen, dass gilt:

f_1 hat kleinsten Grad in $\mathfrak{J}$

f_{j+1} hat kleinsten Grad in $\mathfrak{J} \setminus (f_1, \ldots, f_j)$ für $j \geq 1$.

Sei b_j der Leitkoeffizient von f_j. Dann erhielten wir eine Kette von Idealen

$$(b_1) \subset (b_1, b_2) \subset \cdots \subset (b_1, \ldots, b_i) \subset \cdots$$

in R, und es wäre $\mathfrak{J} := \bigcup_j (b_1, \ldots, b_j)$ ein Ideal in R. Da R noethersch ist, wäre $\mathfrak{J}$ endlich erzeugt. Es gäbe also ein $n \in \mathbb{N}$, für das $(b_1, \ldots, b_n)$ ein Erzeugendensystem von $\mathfrak{J}$ enthält. Damit wäre $\mathfrak{J} = (b_1, \ldots, b_n)$ erfüllt, also etwa

$$b_{n+1} = r_1 b_1 + \cdots + r_n b_n$$

mit $r_1, \ldots, r_n \in R$. Dann würde der Leitterm von

$$g := \sum_{i=1}^{n} r_i f_i X^{\mathrm{grad}(f_{n+1}) - \mathrm{grad}(f_i)}$$

$$= r_1 b_1 X^{\mathrm{grad}(f_{n+1})} + \text{Polynom kleineren Grades}$$

$$+ r_2 b_2 X^{\mathrm{grad}(f_{n+1})} + \text{Polynom kleineren Grades}$$

$$+ \cdots$$

$$+ r_n b_n X^{\mathrm{grad}(f_{n+1})} + \text{Polynom kleineren Grades}.$$

mit dem Leitterm $b_{n+1} X^{\mathrm{grad}(f_{n+1})}$ von f_{n+1} übereinstimmen.
Damit wäre $\mathrm{grad}(f_{n+1} - g) < \mathrm{grad}(f_{n+1})$ im Widerspruch zur Konstruktion der Folge $f_1, f_2, \ldots$: Wegen $g \in (f_1, \ldots, f_n)$ hätte $f_{n+1} - g \in \mathfrak{J} \setminus (f_1, \ldots, f_n)$ kleineren Grad als f_{n+1}. Also ist $R[X]$ noethersch. $\square$

Lernerfolgstest.

- Zeigen Sie, dass $\mathfrak{I} := \left\{ \begin{pmatrix} a & b \\ 0 & 0 \end{pmatrix} \,\middle|\, a,b \in \mathbb{R} \right\}$ ein Linksideal in $\mathrm{M}_{2\times 2}(\mathbb{R})$ ist, aber kein Rechtsideal.
- Definieren Sie den Ring $M := \mathrm{M}_{n\times n}(R)$ für einen kommutativen Ring R. Was ist die Einheitengruppe in R?
- Zeigen Sie, dass Addition und Multiplikation im Quotientenring $S^{-1}(R)$ von R wohldefiniert sind.
- Was ist die Einheitengruppe von $K[X]$?

6.15 Übungsaufgaben 31 – 35

Aufgabe 31. Sei K ein Körper.

(1) Man zeige, dass die Matrizen der Form $\left(\begin{smallmatrix} a & b \\ 0 & a \end{smallmatrix}\right)$ einen kommutativen Unterring R von $\mathrm{M}_{2\times 2}(K)$ bilden.

(2) Man bestimme die Einheiten und Nullteiler in R.

Aufgabe 32. Man bestimme das von den beiden Matrizen $\begin{pmatrix} 1 & 0 \\ 0 & 0 \end{pmatrix}$ und $\begin{pmatrix} 0 & 1 \\ 0 & 0 \end{pmatrix}$ erzeugte Linksideal und das von diesen beiden Matrizen erzeugte Rechtsideal in $\mathrm{M}_{2\times 2}(\mathbb{R})$.

Aufgabe 33. Es seien R und S zwei Ringe, und es sei $f \colon R \to S$ eine Abbildung, die

$$f(x+y) = f(x) + f(y) \text{ und } f(xy) = f(x)f(y)$$

für alle $x,y \in R$ erfüllt. Man zeige, dass $f(1)$ Einselement in $\mathrm{bild}(f)$ ist, aber dass $f(1)$ nicht notwendig Einselement in S ist.

Aufgabe 34. Man zeige

(a) Für Hauptideale (a) und (b) in einem kommutativen Ring gilt: $(a)(b) = (ab)$.

(b) Für Ideale $\mathfrak{I}$ und $\mathfrak{J}$ in einem Ring gilt: $\mathfrak{I}\mathfrak{J} \subset \mathfrak{I} \cap \mathfrak{J}$. Man konstruiere ein Beispiel, in dem $\mathfrak{I}\mathfrak{J} \neq \mathfrak{I} \cap \mathfrak{J}$ gilt.

Aufgabe 35. Sei $R \neq (0)$ ein Ring, in dem $x^2 = x$ für alle $x \in R$ gelte. Man zeige:

(1) R ist kommutativ.

(2) Es gilt $2x = 0$ für alle $x \in R$.

(3) Ist R ein Integritätsring, so ist R ein Körper.

7 Restklassenringe

Lernziel.
Fertigkeiten: Rechnen mit Restklassen, simultane Kongruenzen lösen
Kenntnisse: Primideale und maximale Ideale, Chinesischer Restsatz

7.1 Kongruenzen

Definition. Sei $m \in \mathbb{N}$ vorgegeben. Zwei Zahlen $a, b \in \mathbb{Z}$ heißen *kongruent modulo* m, wenn sie bei Division durch m denselben Rest r mit $0 \leqslant r < m$ ergeben. Man schreibt dann

$$\boxed{a \equiv b \bmod m}.$$

Beispiele.
- $m = 21 \Longrightarrow 54 \equiv 33 \equiv 12 \bmod 21$, da

$$54 = 2 \cdot 21 + 12$$
$$33 = 1 \cdot 21 + 12$$
$$12 = 0 \cdot 21 + 12$$

- $m = 5 \Longrightarrow 11 \equiv 6 \equiv 1 \bmod 5$, da

$$11 = 2 \cdot 5 + 1$$
$$6 = 1 \cdot 5 + 1$$
$$1 = 0 \cdot 5 + 1$$

- $m = 5 \Longrightarrow -7 \equiv 3 \bmod 5$, da $-7 = -2 \cdot 5 + 3$ und $3 = 0 \cdot 5 + 3$

- Definiere

$$\bar{1} := \{a \in \mathbb{Z} \mid a \equiv 1 \bmod 5\} = \{\ldots, -9, -4, 1, 6, 11, \ldots\}$$
$$\bar{2} := \{a \in \mathbb{Z} \mid a \equiv 2 \bmod 5\} = \{\ldots, -8, -3, 2, 7, 12, \ldots\}$$
$$\bar{3} := \{a \in \mathbb{Z} \mid a \equiv 3 \bmod 5\} = \{\ldots, -7, -2, 3, 8, 13, \ldots\}$$
$$\bar{4} := \{a \in \mathbb{Z} \mid a \equiv 4 \bmod 5\} = \{\ldots, -6, -1, 4, 9, 14, \ldots\}$$
$$\bar{0} := \{a \in \mathbb{Z} \mid a \equiv 0 \bmod 5\} = \{0, \pm 5, \pm 10, \pm 15, \ldots\}$$

Für jedes $r \in \mathbb{Z}$ mit $0 \leqslant r < 5$ gilt

$$\bar{r} = a + 5\mathbb{Z} =: \bar{a} \text{ für alle } a \in r.$$

- Für jedes $m \in \mathbb{N}$ erhält man analog den *Restklassenring*
$$\mathbb{Z}/m\mathbb{Z} = \{\bar{0}, \bar{1}, \bar{2}, \ldots, \overline{m-1}\}$$
mit $\bar{r} = \{a \in \mathbb{Z} \mid a \equiv r \bmod m\} = a + m\mathbb{Z} =: \bar{a}$ für alle $a \in \bar{r}$ und $r = 0, 1, \ldots, m-1$. Es gilt $\bar{a} + \bar{b} = \overline{a+b}$ und $\bar{a} \cdot \bar{b} = \overline{a \cdot b}$, vgl. 7.2 unten, (z.B. $m = 5 \Longrightarrow \bar{3} + \bar{4} = \bar{7} = \bar{2}$).

- Uhren messen Stunden modulo 12 oder modulo 24.

7.2 Rechnen mit Restklassen

Definition. Sei $\mathfrak{I}$ ein Ideal in einem Ring R. Für $a \in R$ sei
$$\boxed{a + \mathfrak{I} := \{a + x \mid x \in \mathfrak{I}\}}$$
die *Restklasse von a bezüglich $\mathfrak{I}$*.

Lemma. *Für $a, b \in R$ gilt:*
$$\boxed{a + \mathfrak{I} = b + \mathfrak{I}} \iff \boxed{a - b \in \mathfrak{I}}$$

Beweis. „$\Longrightarrow$": Es gilt $a = a + 0 = b + x$ mit $x \in \mathfrak{I}$ und also $a - b = x \in \mathfrak{I}$.

„$\Longleftarrow$": Sei $a - b =: x \in \mathfrak{I}$. Dann gilt $a = b + x \in b + \mathfrak{I}$. Für jedes $y \in \mathfrak{I}$ ist $x + y \in \mathfrak{I}$, und es folgt $a + y = b + x + y \in b + \mathfrak{I}$. Daher gilt $a + \mathfrak{I} \subset b + \mathfrak{I}$. Ist $a - b =: x \in \mathfrak{I}$, folgt $b = a - x \in b + \mathfrak{I}$ und $b + \mathfrak{I} \subset a + \mathfrak{I}$ analog. $\square$

Definition. Zwei Elemente $a, b \in R$ heißen *kongruent modulo $\mathfrak{I}$*, falls $\boxed{a - b \in \mathfrak{I}}$ gilt. Man schreibt $\boxed{a \equiv b \bmod \mathfrak{I}}$.

Satz. *Die Menge $R/\mathfrak{I} := \{a + \mathfrak{I} \mid a \in R\}$ bildet einen Ring bezüglich*
$$\boxed{(a + \mathfrak{I}) + (b + \mathfrak{I}) := a + b + \mathfrak{I}} \text{ und } \boxed{(a + \mathfrak{I}) \cdot (b + \mathfrak{I}) = a \cdot b + \mathfrak{I}}$$
für $a, b \in R$. Nullelement ist $\mathfrak{I}$, und Einselement ist $1 + \mathfrak{I}$. Ist R kommutativ, so auch $R/\mathfrak{I}$.

Beweis. Wie leicht zu sehen ist, übertragen sich die Ringeigenschaften von R auf $R/\mathfrak{I}$. Zu zeigen ist die Wohldefiniertheit der Verknüpfungen. Sei $a + \mathfrak{I} = \tilde{a} + \mathfrak{I}$. Dann ist $a - \tilde{a} \in \mathfrak{I}$ nach dem Lemma. Bezüglich Addition folgt $(a + b) - (\tilde{a} + b) \in \mathfrak{I}$. Also $a + b + \mathfrak{I} = \tilde{a} + b + \mathfrak{I}$ nach dem Lemma. Bezüglich Multiplikation folgt $(a - \tilde{a})b \in \mathfrak{I}$, da $\mathfrak{I}$ Rechtsideal. Mit dem Lemma folgt $ab + \mathfrak{I} = \tilde{a}b + \mathfrak{I}$. Analog zeigt man, dass die Verknüpfungen nicht von der Wahl des Repräsentanten $\tilde{b} \in b + \mathfrak{I}$ abhängen. Bezüglich Multiplikation benutzt man dann, dass $\mathfrak{I}$ Linksideal ist. $\square$

7.3 Ideale im Restklassenring

Definition. Der Ring $R/\mathfrak{J}$ heißt *Restklassenring* oder *Faktorring* von R modulo $\mathfrak{J}$.

Bemerkung. Es gelten:

1. Ist $\mathfrak{J} = R$, so ist $R/\mathfrak{J} = \{\mathfrak{J}\}$.
2. Ist $\mathfrak{J} = (0)$, so ist $R/\mathfrak{J} = R$.

7.3 Ideale im Restklassenring

Seien R ein Ring, $\mathfrak{J} \neq R$ ein Ideal in R und $\pi \colon R \to R/\mathfrak{J}$, $r \mapsto r + \mathfrak{J}$, die *kanonische Abbildung*. Dann ist π ein surjektiver Ringhomomorphismus.

Satz. *Man hat eine Bijektion*
$$\{\text{Ideale in } R/\mathfrak{J}\} \xrightarrow{\sim} \{\text{Ideale } \mathfrak{I} \text{ in } R \text{ mit } \mathfrak{I} \supset \mathfrak{J}\}, \quad \mathfrak{a} \mapsto \pi^{-1}(\mathfrak{a}).$$

Beweis. Es ist $\pi^{-1}(\mathfrak{a}) = \{v \in R \mid \pi(v) \in \mathfrak{a}\}$ ein Ideal in R, da π ein Homomorphismus ist. Da π surjektiv ist, ist $\pi(\pi^{-1}(\mathfrak{a})) = \mathfrak{a}$. Für jedes Ideal $\mathfrak{I}$ in R mit $\mathfrak{I} \supset \mathfrak{J}$ gilt $\pi^{-1}(\pi(\mathfrak{I})) = \pi^{-1}(\mathfrak{I}/\mathfrak{J}) = \mathfrak{I}$. □

7.4 Primideale und maximale Ideale

Definition. Sei R ein kommutativer Ring. Ein Ideal $\mathfrak{J}$ in R heißt *Primideal*, wenn die Menge $R \setminus \mathfrak{J}$ *multiplikativ abgeschlossen* ist. Mit anderen Worten: Ein Ideal $\mathfrak{J}$ in R ist genau dann ein Primideal in R, wenn $\mathfrak{J} \neq R$ und wenn für $a, b \in R$ mit $ab \in \mathfrak{J}$ stets folgt $a \in \mathfrak{J}$ oder $b \in \mathfrak{J}$.
Ein Ideal $\mathfrak{m}$ in R heißt *maximales Ideal*, wenn $\mathfrak{m} \neq R$ und wenn es kein Ideal $\mathfrak{J}$ in R gibt mit $\mathfrak{m} \subsetneq \mathfrak{J} \subsetneq R$.

Satz. *Sei R ein kommutativer Ring, und sei $\mathfrak{J}$ ein Ideal in R. Dann gelten:*

(1) *$\mathfrak{J}$ Primideal $\iff$ $R/\mathfrak{J}$ Integritätsring.*

(2) *$\mathfrak{J}$ maximales Ideal $\iff$ $R/\mathfrak{J}$ Körper.*

(3) *Jedes maximale Ideal ist Primideal.*

(4) *(0) ist Primideal $\iff$ R ist Integritätsring.*

Beweis. Es ist $\mathfrak{J}$ das Nullelement in $R/\mathfrak{J}$.

(1) „$\Rightarrow$" Sind zwei Restklassen $a + \mathfrak{J}$ und $b + \mathfrak{J}$ beide $\neq \mathfrak{J}$, so gilt $a, b \notin \mathfrak{J}$, also $ab \notin \mathfrak{J}$, da $\mathfrak{J}$ Primideal. Es folgt $ab + \mathfrak{J} = (a + \mathfrak{J})(b + \mathfrak{J}) \neq \mathfrak{J}$.

„⇐" Sind $a+\mathfrak{J}$ und $b+\mathfrak{J}$ beide $\neq \mathfrak{J}$, so folgt $ab+\mathfrak{J} = (a+\mathfrak{J})(b+\mathfrak{J}) \neq \mathfrak{J}$, da $R/\mathfrak{J}$ Integritätsring und also $ab \notin \mathfrak{J}$ nach 7.2.

(2) „⇒" Seien $\mathfrak{J}$ ein maximales Ideal in R und $a \in R \setminus \mathfrak{J}$. Zu zeigen: $a+\mathfrak{J}$ ist invertierbar. Sei $\mathfrak{I} = Ra + \mathfrak{J}$. Dann ist $\mathfrak{I} = R$, da $a \notin \mathfrak{J}$ und $\mathfrak{J}$ maximal. Also gilt $1 \in \mathfrak{I}$ und es gibt $r \in R$ und $x \in \mathfrak{J}$ mit $1 = ra + x$, also mit $1 + \mathfrak{J} = ra + \mathfrak{J} = (r+\mathfrak{J})(a+\mathfrak{J})$, da $x \in \mathfrak{J}$.

„⇐" Sei $R/\mathfrak{J}$ Körper. Dann gilt $\mathfrak{J} \neq R$, und $R/\mathfrak{J}$ besitzt als einzige Ideale sich selbst und das Nullideal. Mit 7.3 folgt, dass R das einzige Ideal ist mit $\mathfrak{J} \subsetneq R$.

(3) folgt aus (1) und (2), und (4) folgt aus (1), (da $R/(0) = R$).

□

7.5 Das Zornsche Lemma

Definition. Seien M eine Menge und $H \subset M \times M$. Statt $(x,y) \in H$ schreiben wir $x \leqslant y$ und sprechen von einer *Relation* $\leqslant$. Dann heißt M *halbgeordnet (partiell geordnet)* bezüglich $\leqslant$, wenn für $x, y, z \in M$ gilt:

1. Es ist $x \leqslant x$.

2. Wenn $x \leqslant y$ und $y \leqslant z$ gelten, so gilt $x \leqslant z$.

3. Wenn $x \leqslant y$ und $y \leqslant x$ gelten, so gilt $x = y$.

M heißt *geordnet* oder *Kette*, falls zusätzlich gilt:

4. Für $x, y \in M$ folgt stets $x \leqslant y$ oder $y \leqslant x$.

Sei M halbgeordnet bezüglich $\leqslant$. Ein Element $a \in M$ heißt *obere Schranke* einer (bezüglich $\leqslant$) geordneten Menge $N \subset M$, wenn $x \leqslant a$ für alle $x \in N$ gilt. Ein Element $a \in M$ heißt *maximal*, wenn aus $a \leqslant x$ für $x \in M$ stets $a = x$ folgt.

Lemma von Zorn. *Sei M eine nicht-leere, halbgeordnete Menge. Jede geordnete Teilmenge von M besitze eine obere Schranke. Dann besitzt M ein maximales Element.*

(vgl. M. Zorn, A remark on methods in transfinite algebra, Bull. Amer. Math. Soc. (1935) 667-670)

7.6 Existenz maximaler Ideale

Satz. *Sei R ein kommutativer Ring und $\mathfrak{I} \neq R$ ein Ideal in R. Dann gibt es ein maximales Ideal $\mathfrak{m}$ in R mit $\mathfrak{I} \subset \mathfrak{m}$. Insbesondere besitzt jeder kommutative Ring $\neq \{0\}$ ein maximales Ideal.*

Beweis. Sei $M := \{\text{Ideale } \mathfrak{J} \text{ in } R \mid \mathfrak{J} \neq R \text{ und } \mathfrak{I} \subset \mathfrak{J}\}$. Dann ist M bezüglich $\subset$ halbgeordnet. Da $\mathfrak{I} \in M$ ist, folgt $M \neq \emptyset$. Sei $N \neq \emptyset$ eine geordnete Teilmenge von M. Dann ist $\mathfrak{J} = \bigcup_{\mathfrak{a} \in N} \mathfrak{a}$ ein Ideal in R mit $\mathfrak{I} \subset \mathfrak{J}$. Wäre $\mathfrak{J} = R$, so wäre $1 \in \mathfrak{J}$, also $1 \in \mathfrak{a}$ für ein $\mathfrak{a} \in N$, was $\mathfrak{a} \neq R$ widerspräche. Es folgt $\mathfrak{J} \in M$, und $\mathfrak{J}$ ist obere Schranke von N. Nach 7.5 besitzt M ein maximales Element, und dies ist das gesuchte Ideal. Anwendung auf $\mathfrak{I} = (0)$ ergibt die zweite Behauptung. □

7.7 Der Homomorphiesatz für Ringe

Ein bijektiver Ringhomomorphismus heißt *Isomorphismus* (und dessen Umkehrabbildung ist auch ein Isomorphismus).

Homomorphiesatz.
Ist $f \colon R \to R'$ ein surjektiver Homomorphismus von Ringen, dann induziert f einen Isomorphismus

$$\bar{f} \colon R/\ker(f) \to R', \; r + \ker(f) \mapsto f(r).$$

Beweis. **Wohldefiniertheit:** Wenn $r + \ker(f) = \tilde{r} + \ker(f)$ gilt, so folgt $r - \tilde{r} \in \ker(f)$ nach 7.2 und also $f(r) = f(\tilde{r})$.

Homomorphie folgt, weil f ein Homomorphismus ist.

Injektivität: Sei $\bar{f}(r + \ker(f)) = f(r) = 0$. Dann ist $r \in \ker(f)$ und also $r + \ker(f) = 0 + \ker(f)$.

Surjektivität: Klar, da f surjektiv.

□

7.8 Chinesischer Restsatz

- Das kartesische Produkt von endlich vielen Ringen ist stets ein Ring bezüglich komponentenweiser Addition und Multiplikation.

- Zwei Ideale $\mathfrak{I}, \mathfrak{J}$ in einem Ring R heißen *teilerfremd*, wenn $\mathfrak{I} + \mathfrak{J} = R$ gilt.

Lemma.
Seien $\mathfrak{I}_1, \ldots, \mathfrak{I}_n$ paarweise teilerfremde Ideale in einem Ring R. Dann gilt $\mathfrak{I}_k + \bigcap_{j \neq k} \mathfrak{I}_j = R$ für jedes $k = 1, \ldots, n$.

Beweis. Sei $k \in \{1, \ldots, n\}$. Dann gibt es zu jedem $j \neq k$ Elemente $a_j \in \mathfrak{I}_k$ und $b_j \in \mathfrak{I}_j$ mit $a_j + b_j = 1$, (denn $\mathfrak{I}_k + \mathfrak{I}_j = R$ nach Voraussetzung). Es folgt
$$1 = \prod_{j \neq k}(a_j + b_j) \in (\mathfrak{I}_k + \prod_{j \neq k} \mathfrak{I}_j) \underset{\text{Aufgabe 37}}{\subset} \mathfrak{I}_k + \bigcap_{j \neq k} \mathfrak{I}_j$$
und damit die Behauptung, da $(1) = R$. □

Chinesischer Restsatz.
Sei R ein Ring, und seien $\mathfrak{I}_1, \ldots, \mathfrak{I}_n$ paarweise teilerfremde Ideale in R. Dann ist der Homomorphismus
$$f \colon R \to R/\mathfrak{I}_1 \times \cdots \times R/\mathfrak{I}_n, \quad r \mapsto (r + \mathfrak{I}_1, \ldots, r + \mathfrak{I}_n)$$
surjektiv mit $\operatorname{kern}(f) = \bigcap_{j=1}^{n} \mathfrak{I}_j$. Insbesondere induziert f einen Isomorphismus
$$R / \bigcap_{j=1}^{n} \mathfrak{I}_j \xrightarrow{\sim} R/\mathfrak{I}_1 \times \cdots \times R/\mathfrak{I}_n.$$

Beweis. Zu jedem $k \in \{1, \ldots, n\}$ gibt es nach dem Lemma Elemente $c_k \in \mathfrak{I}_k$ und $d_k \in \bigcap_{j \neq k} \mathfrak{I}_j$ mit $c_k + d_k = 1$. Es ist dann $d_k \in \mathfrak{I}_j$ für alle $j \neq k$ und $d_k - 1 \in \mathfrak{I}_k$. Nach 7.2 folgt $d_k + \mathfrak{I}_k = 1 + \mathfrak{I}_k$ und $d_k + \mathfrak{I}_j = \mathfrak{I}_j$ für $j \neq k$. Sei nun $(r_1 + \mathfrak{I}_1, \ldots, r_n + \mathfrak{I}_n) \in R/\mathfrak{I}_1 \times \cdots \times R/\mathfrak{I}_n$. Setze $r = r_1 d_1 + \cdots + r_n d_n$. Dann folgt $f(r) \underset{\text{Def}}{=} (r + \mathfrak{I}_1, \ldots, r + \mathfrak{I}_n) = (r_1 + \mathfrak{I}_1, \ldots, r_n + \mathfrak{I}_n)$. Also ist f surjektiv. Die Aussage über den Kern ist ersichtlich, und die letzte Behauptung folgt aus dem Homomorphiesatz 7.7. □

Korollar. *Für beliebige Elemente $r_1, \ldots, r_n \in R$ und paarweise teilerfremde Ideale $\mathfrak{I}_1, \ldots, \mathfrak{I}_n$ ist das Kongruenzensystem*
$$x \equiv r_1 \bmod \mathfrak{I}_1, \ldots, x \equiv r_n \bmod \mathfrak{I}_n$$
immer lösbar, und ist r eine Lösung, so ist die Menge $r + \bigcap_{j=1}^{n} \mathfrak{I}_j$ die Menge aller Lösungen.

7.8 Chinesischer Restsatz

Verfahren zur Lösung von Kongruenzensystemen.
Der Beweis des Chinesischen Restsatzes liefert ein praktisches Verfahren zur Lösung von Kongruenzsystemen der Form

$$x \equiv a_1 \bmod m_1,\ x \equiv a_2 \bmod m_2,\ \ldots,\ x \equiv a_n \bmod m_n,$$

wenn die Zahlen $m_1, \ldots, m_n \in \mathbb{N}$ paarweise teilerfremd sind.

1. Schritt: Berechne
$$M_1 := \prod_{j=2}^{n} m_j,\ \ldots,\ M_k := \prod_{j \neq k} m_j,\ \ldots,\ M_n := \prod_{j=1}^{n-1} m_j.$$

2. Schritt: Bestimme
$x_1, \ldots, x_n$ mit $x_1 M_1 \equiv 1 \bmod m_1, \ldots, x_n M_n \equiv 1 \bmod m_n$.
Es ist dann $d_k := x_k M_k \in \prod_{j \neq k}(m_j) = \bigcap_{j \neq k}(m_j)$ und $d_k - 1 \in (m_k)$
für jedes $k \in \{1, \ldots, n\}$.

3. Schritt: Berechne
$r := r_1 d_1 + \cdots + r_n d_n$ mit $d_k = x_k M_k$ und $r_k \equiv a_k \bmod m_k$.

4. Schritt: Prüfe, dass tatsächlich $r \equiv a_1 \bmod m_1, \ldots, r \equiv a_n \bmod m_n$ gilt und damit r die modulo $m = m_1 \cdot \ldots \cdot m_n$ eindeutig bestimmte Lösung ist.

Beispiel. Man löse das Kongruenzsystem

$$x \equiv 2 \bmod 7,\ x \equiv 4 \bmod 8,\ x \equiv 10 \bmod 9.$$

1. Schritt: Berechne $M_1 := 8 \cdot 9 = 72$, $M_2 := 7 \cdot 9 = 63$, $M_3 := 7 \cdot 8 = 56$.

2. Schritt: Die Zahlen $x_1 = 4$, $x_2 = -1$ und $x_3 = -4$ erfüllen
$x_1 M_1 \equiv 1 \bmod 7$ $x_2 M_2 \equiv 1 \bmod 8$ und $x_3 M_3 \equiv 1 \bmod 9$.

3. Schritt: Berechne $r := 2 \cdot 288 - 4 \cdot 63 - 1 \cdot 224 = 576 - 476 = 100$.

4. Schritt: Es ist $r = 100$ tatsächlich die modulo $7 \cdot 8 \cdot 9 = 504$ eindeutig bestimmte Lösung, denn $100 \equiv 2 \bmod 7$, $100 \equiv 4 \bmod 8$ und $100 \equiv 1 \equiv 10 \bmod 9$.

Lernerfolgstest.
- Verifizieren Sie die Beziehungen $\pi(\pi^{-1}(\mathfrak{a})) = \mathfrak{a}$ und $\pi^{-1}(\pi(\mathfrak{J})) = \pi^{-1}(\mathfrak{J}/\mathfrak{I}) = \mathfrak{J}$ aus dem Beweis von Satz 7.3
- Verifizieren Sie, dass die in 7.4 gegebene Definition äquivalent ist zu: *Ein Ideal $\mathfrak{J}$ in R ist genau dann ein Primideal in R, wenn $\mathfrak{J} \neq R$ und wenn für $a, b \in R$ mit $ab \in \mathfrak{J}$ stets folgt $a \in \mathfrak{J}$ oder $b \in \mathfrak{J}$*

7.9 Übungsaufgaben 36 – 40

Aufgabe 36. Sei R ein kommutativer Ring. Man zeige, dass die folgenden drei Bedingungen äquivalent sind:

(1) R ist noethersch.

(2) Jede Kette $\mathfrak{I}_1 \subset \mathfrak{I}_2 \subset \cdots \subset \mathfrak{I}_m \subset \cdots$ von Idealen in R wird stationär, d.h. es gibt ein $n \in \mathbb{N}$ mit $\mathfrak{I}_{n+k} = \mathfrak{I}_n$ für alle $k \in \mathbb{N}$.

(3) Jede nichtleere Menge M von Idealen in R besitzt ein maximales Element (das ist ein Ideal $\mathfrak{I} \in M$ mit der Eigenschaft: $\mathfrak{J} \in M$ und $\mathfrak{J} \supset \mathfrak{I} \Longrightarrow \mathfrak{I} = \mathfrak{J}$).

Bemerkung. Hieraus folgt, dass in einem noetherschen Ring jedes Ideal $\mathfrak{I} \neq R$ in einem maximalen Ideal enthalten ist. Der Nachweis gelingt hier also, ohne das Lemma von Zorn zu benutzen.

Aufgabe 37. Seien $\mathfrak{I}$ und $\mathfrak{J}$ zwei teilerfremde Ideale in einem kommutativen Ring R. Man zeige, dass dann $\mathfrak{IJ} = \mathfrak{I} \cap \mathfrak{J}$ gilt.

Aufgabe 38. Seien R ein kommutativer Ring, $\mathfrak{I}$ ein Ideal in R und $a \in R$. Man zeige, dass die Restklasse $a + \mathfrak{I}$ genau dann eine Einheit in $R/\mathfrak{I}$ ist, wenn die beiden Ideale (a) und $\mathfrak{I}$ teilerfremd sind.

Aufgabe 39. Man löse in $\mathbb{Z}$ das Kongruenzensystem

$$x \equiv 6 \bmod 5, \ x \equiv 5 \bmod 6, \ x \equiv 7 \bmod 7$$

gemäß dem oben angegebenen Verfahren.

Aufgabe 40. Sei $f \colon R \to S$ ein Homomorphismus von kommutativen Ringen $\neq \{0\}$. Man entscheide jeweils, ob das Bild $f(\mathfrak{I})$ eines Ideals $\mathfrak{I}$ in R und das Urbild $f^{-1}(\mathfrak{J})$ eines Ideals $\mathfrak{J}$ in S wieder ein Ideal ist. Man untersuche dann jeweils, ob sich dabei die Eigenschaft, Primideal bzw. maximales Ideal zu sein, vererbt. Was ändert sich, wenn f als surjektiv vorausgesetzt wird?

8 Teilbarkeit in kommutativen Ringen

Lernziel.
Fertigkeiten: ggT und kgV bestimmen
Kenntnisse: Bedingungen für Zerlegbarkeit in Primfaktoren und in irreduzible Elemente

8.1 Division mit Rest im Polynomring

Satz.
Sei R ein kommutativer Ring, und sei $h = c_0 + c_1 X + \cdots + c_m X^m \in R[X]$ ein Polynom mit $c_m \in R^*$. Dann gibt es zu jedem Polynom $f \neq 0$ in $R[X]$ eindeutig bestimmte Polynome $g, r \in R[X]$ mit

$$\boxed{f = gh + r \text{ und } \operatorname{grad}(r) < m}$$

Beweis. **Existenz:** Ist $\operatorname{grad}(f) < m$, setze $g = 0$ und $f = r$.

Sei nun $f = a_0 + a_1 X + \cdots + a_n X^n$ vom Grad $n \geqslant m$. Führe Induktion nach n durch.

Ist $n = 0$, so ist $h = c_0 \in R^*$. Setze $g = c_0^{-1} f$ und $r = 0$.

Sei $n > 0$. Dann hat $f - f_0 h$ mit $f_0 = a_n c_m^{-1} X^{n-m}$ den Grad $< n$. Es folgt $f - f_0 h = gh + r$ mit $\operatorname{grad}(r) < m$ nach Induktionsvoraussetzung und also $f = (g + f_0)h + r$.

Eindeutigkeit: Da $c_m \in R^*$ ist, gilt $\operatorname{grad}(fh) = \operatorname{grad}(f) + \operatorname{grad}(h)$ für jedes Polynom $f \in R[X]$ nach 6.13 c).

Sei $gh + r = g'h + r'$ mit $\operatorname{grad}(r) < m$ und $\operatorname{grad}(r') < m$. Dann ist $(g - g')h = r' - r$ mit $\operatorname{grad}(r - r') < m$ nach 6.13 a). Ist $g = g'$, folgt $r' = r$. Ist $g \neq g'$, folgt $0 \leqslant \operatorname{grad}(g - g') + \operatorname{grad}(h) = \operatorname{grad}(r' - r) < m$ im Widerspruch dazu, dass $\operatorname{grad}(h) = m$ gilt. □

8.2 Nullstellen und Linearfaktoren

Lemma.
Sei R ein kommutativer Ring. Besitzt $f \in R[X]$ eine Nullstelle x in R und ist $f \neq 0$, so gibt es ein $g \in R[X]$ mit

$$\boxed{f = (X - x)g \text{ und } \operatorname{grad}(g) = \operatorname{grad}(f) - 1}$$

Beweis. Nach 8.1 gibt es Polynome $g, r \in R[X]$ mit $f = g(X - x) + r$ und $\operatorname{grad}(r) < \operatorname{grad}(X - x) = 1$. Also $r \in R$ und $0 = f(x) = g(x)(x - x) + r = r$.
Es folgt $\operatorname{grad}(f) = \operatorname{grad}(g \cdot (X - x)) = \operatorname{grad}(g) + 1$. □

Satz. *Sei R ein Integritätsring. Dann hat jedes Polynom in $R[X]$ vom Grad $n \geqslant 0$ höchstens n Nullstellen in R.*

Beweis. Induktion nach n:
Sei $n = 0$. Ist $f \in R[X]$ vom Grad 0 so folgt $f = a \in R$ mit $a \neq 0$. Also hat f keine Nullstelle in R.
Sei $n > 0$, und sei $f \in R[X]$ vom Grad n. Wenn f eine Nullstelle x in R hat, ist $f = (X - x)g$ mit $\mathrm{grad}(g) = n - 1$ (nach Lemma). Besitzt f eine weitere Nullstelle $y \neq x$ in R, so ist y auch Nullstelle von g, denn es ist

$$0 = f(y) = (y - x)g(y), \text{ also } g(y) = 0,$$

da R Integritätsring und $y - x \neq 0$ gilt. Nach Induktionsvoraussetzung besitzt g höchstens $n - 1$ Nullstellen, also f höchstens n. □

Bemerkung. Die Voraussetzung des Satzes, dass R kommutativ ist, ist wesentlich. Zum Beispiel hat das Polynom $X^2 + 1$ in dem in 6.3 definierten Quaternionenschiefkörper $\mathbb{H}$ unendlich viele Nullstellen, vgl. Aufgabe 44.

8.3 Euklidische Ringe

Definition. Ein Integritätsring R heißt *euklidisch*, wenn es eine Abbildung

$$\delta \colon R \setminus \{0\} \to \mathbb{N} \cup \{0\}$$

gibt mit der Eigenschaft: Zu je zwei Elementen $a, b \in R$ mit $a \neq 0$ gibt es Elemente $q, r \in R$ mit

$$\boxed{b = qa + r \text{ und } \delta(r) < \delta(a) \text{ oder } r = 0}$$

Man nennt ein solches δ *Gradabbildung.*

Beispiele.   1. $\mathbb{Z}$ ist euklidisch: Man setze $\delta(a) = |a|$.

2. $K[X]$, wobei K Körper, ist euklidisch nach 8.1. Setze $\delta(f) = \mathrm{grad}(f)$.

Satz. *Jeder euklidische Ring ist Hauptidealring.*

Beweis. Sei $\mathfrak{J} \neq (0)$ ein Ideal in R. Wähle unter den Elementen aus $\mathfrak{J} \setminus \{0\}$ ein a mit minimalem Wert $\delta(a)$. Für jedes $b \in \mathfrak{J}$ ist $b = qa+r$ mit $\delta(r) < \delta(a)$ oder $r = 0$. Es folgt $r = b - qa \in \mathfrak{J}$. Da $\delta(a)$ minimal ist, folgt $r = 0$ und also $b = qa$. Damit ist $\mathfrak{J} \subset (a)$ gezeigt. Da $a \in \mathfrak{J}$ ist, folgt $\mathfrak{J} = (a)$. □

8.4 ggT und kgV

Sei R ein Integritätsring.

Definition. (1) Ein Element $a \in R$ heißt *Teiler von* $b \in R$, falls es ein $x \in R$ gibt mit $b = xa$. Wir schreiben dann $a \mid b$ und sagen „a teilt b".

(2) Ein Element $d \in R$ heißt *größter gemeinsamer Teiler von* $a_1, \ldots, a_n \in R$, wenn

(i) $d \mid a_i$ für $i = 1, \ldots, n$

(ii) Ist $a \in R$ und gilt $a \mid a_i$ für $i = 1, \ldots, n$, so gilt $a \mid d$

Wir schreiben dann $d = \text{ggT}(a_1, \ldots, a_n)$.

(3) Ein Element $v \in R$ heißt *kleinstes gemeinsames Vielfaches von* $a_1, \ldots, a_n \in R$, wenn gilt

(i) $a_i \mid v$ für $i = 1, \ldots, n$

(ii) Ist $a \in R$ und gilt $a_i \mid a$ für alle $i = 1, \ldots, n$, so gilt $v \mid a$

Wir schreiben dann $v = \text{kgV}(a_1, \ldots, a_n)$.

Bemerkung. Falls existent, sind $\text{ggT}(a_1, \ldots, a_n)$ und $\text{kgV}(a_1, \ldots, a_n)$ bis auf Multiplikation mit Einheiten eindeutig bestimmt.

Satz. *Seien $a_1, \ldots, a_n \in R$. Dann gelten:*

(a) *Ist das von $a_1, \ldots, a_n$ erzeugte Ideal $(a_1, \ldots, a_n)$ ein Hauptideal (d), so ist $d = \text{ggT}(a_1, \ldots, a_n)$.*

(b) *Ist $(a_1) \cap \cdots \cap (a_n)$ ein Hauptideal (v), so gilt $v = \text{kgV}(a_1, \ldots, a_n)$.*

(c) *Sei R ein Hauptidealring. Dann existiert der größte gemeinsame Teiler $\text{ggT}(a_1, \ldots, a_n) =: d$, und es gibt $r_1, \ldots, r_n \in R$ mit*

$$\boxed{r_1 a_1 + \cdots + r_n a_n = d}$$

Sind $a, b \in R$ teilerfremd, d.h. $\text{ggT}(a, b) = 1$, so folgt $(a)(b) = (a) \cap (b)$.

Beweis. (a) Ist $(a_1, \ldots, a_n) = (d)$, so folgt $a_i \in (d)$ und also $d \mid a_i$ für alle $i = 1, \ldots, n$. Es gelte $a \mid a_i$ für $i = 1, \ldots, n$. Da $d \in (a_1, \ldots, a_n)$ gilt, gibt es $r_1, \ldots, r_n \in R$ mit $d = r_1 a_1 + \cdots + r_n a_n$. Es folgt $a \mid d$.

(b) Ist $\bigcap_i (a_i) = (v)$, so folgt $v \in (a_i)$ und also $a_i \mid v$ für alle $i = 1, \ldots, n$. Gilt $a_i \mid a$ für alle i, so gilt $a \in (a_i)$ für alle i und also $a \in \bigcap_i (a_i) = (v)$. Es folgt $v \mid a$.

(c) Die erste Behauptung folgt aus (a). Ist ggT$(a,b) = 1$, so folgt insbesondere, dass es Elemente $r,s \in R$ gibt mit $ra + sb = 1$. Also gilt $1 \in (a) + (b)$, was $(a) + (b) = R$ zur Folge hat. Hieraus folgt $(a)(b) = (a) \cap (b)$ nach Aufgabe 37.

$\square$

8.5 Irreduzible Elemente und Primelemente

Definition. Sei R ein Integritätsring, und sei $p \neq 0$ eine Nichteinheit in R. Dann heißt p *irreduzibel*, wenn für jede Zerlegung $p = ab$ mit $a, b \in R$ stets folgt $a \in R^*$ oder $b \in R^*$, und p heißt *Primelement*, wenn das Hauptideal (p) ein *Primideal* ist (d.h. falls aus $p \mid ab$ für $a, b \in R$ stets folgt $p \mid a$ oder $p \mid b$).

Satz.
Jedes Primelement ist irreduzibel. Ist R ein Hauptidealring, so sind für $p \in R \setminus \{0\}$ folgende Aussagen äquivalent:

(i) *p ist irreduzibel*

(ii) *(p) ist maximales Ideal*

(iii) *p ist Primelement*

Beweis. Sei p ein Primelement, und sei $p = ab$. Dann gilt $p \mid a$ oder $p \mid b$. Wenn $p \mid a$ gilt, so gibt es ein $r \in R$ mit $a = pr$. Es folgt $p = ab = prb$ und also $p(1 - rb) = 0$. Dies ergibt $rb = 1$, da $p \neq 0$ und R ein Integritätsring ist. Also gilt $b \in R^*$. Analog folgt $a \in R^*$, falls $p \mid b$ gilt. Sei nun R ein Hauptidealring.

(i) $\Rightarrow$ (ii) Sei $\mathfrak{J} = (a)$ ein Ideal in R mit $(p) \subset (a) \subset R$. Dann ist $p \in (a)$ und also $p = ab$ mit einem $b \in R$. Es folgt $a \in R^*$ oder $b \in R^*$, da p irreduzibel ist. Ist $a \in R^*$, folgt $(a) = R$. Ist $b \in R^*$, so folgt $a = b^{-1}p \in (p)$ und also $(p) = (a)$.

(ii) $\Rightarrow$ (iii) Nach 7.4.3 ist jedes maximale Ideal ein Primideal. Also ist (p) ein Primideal.

(iii) $\Rightarrow$ (i) Ist oben schon allgemein gezeigt.

$\square$

Beispiel. Sei $R = \mathbb{Z}[\sqrt{-5}] := \{a + b\sqrt{-5} \mid a, b \in \mathbb{Z}\} \subset \mathbb{C}$. Dann ist 2 irreduzibel in R, aber kein Primelement. Insbesondere folgt, dass R kein Hauptidealring ist.

Beweis. Sei $2 = (a + b\sqrt{-5})(c + d\sqrt{-5})$ mit $a,b,c,d \in \mathbb{Z}$. Dann gilt $2 = \bar{2} = (a - b\sqrt{-5})(c - d\sqrt{-5})$, wobei $\bar{2}$ die zu 2 konjugiert komplexe Zahl bezeichnet. Es folgt $4 = 2 \cdot \bar{2} = (a^2 + 5b^2)(c^2 + 5d^2) \in \mathbb{Z}$. Da $a^2 + 5b^2 = 2$ mit $a,b \in \mathbb{Z}$ nicht lösbar ist, genügt es wegen der eindeutigen Primfaktorzerlegung in $\mathbb{Z}$ (vgl. 8.7), den Fall

$$a^2 + 5b^2 = 4 \quad \text{und} \quad c^2 + 5d^2 = 1$$

zu betrachten. Es folgt $c = \pm 1$ und $d = 0$ sowie $b = 0$. Also ist 2 irreduzibel in R. Es ist aber 2 kein Primelement in R, denn das Hauptideal (2) enthält das Element $3 \cdot 2 = 6 = (1 + \sqrt{-5})(1 - \sqrt{-5})$ und keiner der beiden Faktoren $1 \pm \sqrt{-5}$ liegt in (2), da $1 \pm \sqrt{-5} \neq (a + b\sqrt{-5}) \cdot 2$ für alle $a,b \in \mathbb{Z}$ gilt. (Man beachte hierbei, dass 1 und $\sqrt{-5}$ eine Basis von $\mathbb{C}$ über $\mathbb{R}$ bilden und 1=2a für kein $a \in \mathbb{Z}$ erfüllbar ist.) Aus dem Satz folgt nun, dass $\mathbb{Z}[\sqrt{-5}]$ kein Hauptidealring ist. □

8.6 Assoziierte Elemente

Definition. Zwei Elemente a,b in einem Integritätsring R heißen *assoziiert*, wenn $a = \varepsilon b$ mit $\varepsilon \in R^*$ gilt.

Bemerkung. Für Elemente a,b in einem Integritätsring R gilt:

$$\boxed{a \text{ assoziiert } b} \iff \boxed{(a) = (b)} \iff \boxed{a \mid b \text{ und } b \mid a}$$

Beweis. **1.** Ist a assoziiert b, also $a = \varepsilon b$ mit $\varepsilon \in R^*$, so gelten $a \in (b)$ und $b = \varepsilon^{-1}a \in (a)$. Also folgt $(a) = (b)$.
2. Ist $(a) = (b)$, so folgt $a \mid b$ und $b \mid a$ nach Definition 8.4 (1).
3. Gilt $a \mid b$ und $b \mid a$, so gibt es $r,s \in R$ mit $b = sa$ und $a = rb = rsa$. Ist $a = 0$, so folgt $b = 0$ und also $a = 1 \cdot b$. Ist $a \neq 0$, so folgt $1 = rs$ (da R Integritätsring und $a(1 - rs) = 0$). Es folgt $a = rb$ mit $r \in R^*$. Es ist also a assoziiert b. □

8.7 Eindeutigkeit von Primfaktorzerlegungen

In $\mathbb{Z}[\sqrt{-5}]$ ist die Zerlegung von Elementen in Produkte mit irreduziblen Faktoren nicht eindeutig. Z.B. gibt es zwei verschiedene Zerlegungen

$$6 = 3 \cdot 2 = (1 + \sqrt{-5}) \cdot (1 - \sqrt{-5})$$

in irreduzible Faktoren (vgl. Aufgabe 42). Aber die Zerlegung in Produkte von Primelementen ist stets eindeutig, wie aus dem folgenden Satz folgt.

Satz.
Sei R ein Integritätsring. Wenn $p_1 \cdots p_m = q_1 \cdots q_n$ mit Primelementen $p_1, \ldots, p_m, q_1, \ldots, q_n$ in R gilt, ist $n = m$, und nach eventueller Umnumerierung ist p_i assoziiert zu q_i für alle $i = 1, \ldots, n$.

Beweis. Wenn $p_1 \mid q_1 \cdots q_n$ gilt, so gilt $p_1 \mid q_j$ für ein j, da p_1 Primelement. Numeriere die q_i so um, dass $p_1 \mid q_1$ gilt. Dann ist $q_1 = p_1 \varepsilon_1$ mit $\varepsilon_1 \in R^*$, da q_1 irreduzibel ist nach Satz 8.5. Es folgt $p_1 p_2 \cdots p_m = p_1 \varepsilon_1 q_2 \cdots q_n$. Dies ergibt $p_2 \cdots p_m = \varepsilon_1 q_2 \cdots q_n$, da R ein Integritätsring ist. Setze dieses Verfahren induktiv fort. □

8.8 Primfaktorzerlegung in Hauptidealringen

Satz.
Sei R ein Hauptidealring, und sei $a \neq 0$ eine Nichteinheit in R. Dann besitzt a eine Zerlegung $a = p_1 \cdots p_n$ mit Primelementen $p_1, \ldots, p_n \in R$. Bis auf Assoziiertheit und Reihenfolge ist diese Zerlegung eindeutig.

Beweis. Es ist nur die Existenz einer Zerlegung zu zeigen, da die Eindeutigkeitsaussage aus 8.7 folgt.
Ist a irreduzibel, so ist a Primelement nach 8.5, und die Behauptung folgt für a. Ist a nicht irreduzibel, so ist $a = a_1 a_2$ ein Produkt zweier Nichteinheiten, und man kann dieses Verfahren für a_1 und a_2 wiederholen. Zu zeigen ist, dass das Verfahren nach endlich vielen Schritten abbricht. Sei M die Menge aller Hauptideale (x) in R, wobei x eine von 0 verschiedene Nichteinheit ist und x keine Zerlegung in Primelemente besitzt. Dann ist zu zeigen: $M = \emptyset$.
Wir nehmen an, dass $M \neq \emptyset$ gilt, und leiten einen Widerspruch her. Nach Aufgabe 36 besitzt M ein maximales Element (x), da R als Hauptidealring noethersch ist. Es ist $x = x_1 x_2$ mit Nichteinheiten x_1, x_2. Es folgt
$$(x) \subsetneq (x_1) \quad \text{und} \quad (x) \subsetneq (x_2)$$
denn wäre $x_1 \in (x)$, also $x_1 = rx = rx_1 x_2$, so wäre $1 = rx_2$ und also x_2 Einheit. Da (x) maximal ist, folgt $(x_1) \notin M$ und analog $(x_2) \notin M$. Also haben x_1, x_2 eine Zerlegung in Primelemente, und damit hat auch $x = x_1 x_2$ eine Zerlegung in Primelemente im Widerspruch dazu, dass $(x) \in M$ gilt. □

8.9 Faktorielle Ringe

Definition. Ein Integritätsring R heißt *faktoriell* oder *ZPE-Ring*, falls sich jede Nichteinheit $\neq 0$ in R als ein (endliches) Produkt von Primelementen schreiben lässt.

8.10 Existenz von ggT und kgV in faktoriellen Ringen

Bemerkung. Ist R faktoriell, so ist jedes irreduzible Element Primelement.

Beweis. Sei $r \in R$ irreduzibel und $r = p_1 \cdots p_n$ eine Zerlegung in R mit Primelementen $p_1, \ldots, p_n$. Dann folgt $n = 1$, da r irreduzibel. □

Beispiele. Jeder Hauptidealring ist faktoriell (nach 8.8), insbesondere sind $\mathbb{Z}$ und $K[X]$, wobei K Körper, faktoriell (vgl. 8.3).
Der Ring $R := \mathbb{Z}[\sqrt{-5}]$ ist nicht faktoriell, da 2 irreduzibel in R, aber kein Primelement in R ist, vgl. Beispiel 8.5.

Satz.
Sei R ein Integritätsring. Dann ist R genau dann faktoriell, wenn sich jede Nichteinheit $x \neq 0$ in R (bis auf Assoziiertheit und Reihenfolge) eindeutig als (endliches) Produkt von irreduziblen Elementen schreiben lässt.

Beweis. Sei R faktoriell. Dann ist nach Definition $x = p_1 \cdots p_n$ mit Primelementen $p_1, \ldots, p_n$. Nach 8.7 folgt die Eindeutigkeit der Zerlegung, und nach 8.5 sind die p_i irreduzibel.
Sei umgekehrt die eindeutige Darstellbarkeit in ein Produkt irreduzibler Faktoren gegeben. Es genügt zu zeigen, dass jedes irreduzible Element ein Primelement ist. Sei $p \in R$ irreduzibel, und es gelte $p \mid ab$ mit $a, b \in R$. Zu zeigen: $p \mid a$ oder $p \mid b$.
Ist $a \in R^*$. Dann folgt $p \mid b$, denn aus $ab = rp$ mit $r \in R$ folgt $b = a^{-1}rp$.
Ist $b \in R^*$, so folgt $p \mid a$ analog.
Seien a, b Nichteinheiten, $a = p_1 \cdots p_m$ und $b = q_1 \cdots q_n$ Zerlegungen in irreduzible Elemente. Dann folgt $p \mid p_1 \cdots p_m q_1 \cdots q_n$, da $p \mid ab$ gilt. Dann ist aber p assoziiert zu einem p_i oder einem q_j wegen der Eindeutigkeit der Zerlegung von ab. Es folgt $p \mid a$ oder $p \mid b$. □

$$\boxed{R \text{ euklidisch}} \underset{8.3}{\Longrightarrow} \boxed{R \text{ Hauptidealring}} \underset{8.9}{\Longrightarrow} \boxed{R \text{ faktoriell}}$$

8.10 Existenz von ggT und kgV in faktoriellen Ringen

Sei R faktoriell, und seien $a_1, \ldots, a_n \in R \setminus \{0\}$. Dann gibt es paarweise nicht-assoziierte Primelemente $p_1, \ldots, p_m$ in R und Zahlen $r_1(a_i), \ldots, r_m(a_i)$ in $\mathbb{N} \cup \{0\}$ so, dass

$$a_i = \varepsilon_i \, p_1^{r_1(a_i)} \cdots p_m^{r_m(a_i)} \text{ mit } \varepsilon_i \in R^* \text{ für } i = 1, \ldots, n.$$

Setze $r_j = \min(r_j(a_i) \mid i = 1, \ldots, n)$ und $s_j = \max(r_j(a_i) \mid i = 1, \ldots, n)$.
Bis auf Assoziiertheit ist dann

$$\boxed{\operatorname{ggT}(a_1, \ldots, a_n) = p_1^{r_1} \cdots p_m^{r_m}} \text{ und } \boxed{\operatorname{kgV}(a_1, \ldots, a_n) = p_1^{s_1} \cdots p_m^{s_m}}$$

8.11 Spezielle Version des Chinesischen Restsatzes

Satz. *Sei R ein Hauptidealring, und sei $a = \varepsilon p_1^{n_1} \cdots p_m^{n_m}$ eine Primfaktorzerlegung in R mit einer Einheit ε und paarweise nicht assoziierten Primelementen $p_1, \ldots, p_m$. Dann sind die Ideale $(p_1^{n_1}), \ldots, (p_m^{n_m})$ paarweise teilerfremd, und es gilt $a = \mathrm{kgV}(p_1^{n_1}, \ldots, p_m^{n_m})$ und $(a) = \bigcap_{i=1}^{m}(p_i^{n_i})$. Insbesondere gibt es einen kanonischen Isomorphismus*

$$\boxed{R/(a) \xrightarrow{\sim} R/(p_1^{n_1}) \times \cdots \times R/(p_m^{n_m})}$$

Beweis. Dies folgt aus dem Chinesischen Restsatz 7.8 und der idealtheoretischen Charakterisierung von ggT und kgV in Satz 8.4. □

Beispiel. $\mathbb{Z}/(15) \simeq \mathbb{Z}/(3) \times \mathbb{Z}/(5)$

8.12 Beispiele für Körper

Satz. **(a)** *Für jede Zahl $p \in \mathbb{N}$ gilt:*

$$\boxed{p \text{ Primzahl}} \iff \boxed{\mathbb{Z}/p\mathbb{Z} \text{ Körper}}$$

(b) *Für jedes nicht-konstante Polynom $f \in K[X]$, wobei K Körper, gilt*

$$\boxed{f \text{ irreduzibel}} \iff \boxed{K[X]/(f) \text{ ist Körper}}$$

Beweis. „$\Rightarrow$" Nach 8.5 sind (p) und (f) maximale Ideale, und die Behauptung folgt nach 7.4.

„$\Leftarrow$" Sei $R = \mathbb{Z}$ oder $K[X]$ und $a = p$ oder f. Ist a wie in 8.11 zerlegt in mindestens zwei Primfaktoren, so ist $R/(a)$ kein Körper, denn z.B. ist $(1,0) \in R/(p_1^{n_1}) \times R/(p_2^{n_2})$ keine Einheit.

□

Beispiel. $\mathbb{C} \simeq \mathbb{R}[X]/(X^2 + 1)$

Lernerfolgstest.
- Zeigen Sie, dass in einem Integritätsring aus $ab = ac$ mit $a \neq 0$ stets $b = c$ folgt.
- Finden Sie einen Ring R und Elemente $a, b, c \in R \setminus \{0\}$ so, dass $ab = ac$ gilt, jedoch nicht $b = c$.
- Zeigen Sie: $a \mid b \iff (b) \subset (a)$
- Zeigen Sie: $\boxed{a \mid b \text{ und } a \text{ nicht assoziiert } b} \iff \boxed{(b) \subsetneq (a) \subsetneq R}$
  für a, b aus einem Integritätsring R und $a \neq 0$.

- Ist 2 unzerlegbar in $\mathbb{Z}[i] := \{a + bi \mid a, b \in \mathbb{Z}\}$ mit $i^2 = -1$?
- Was bedeutet die Sprechweise „bis auf Assoziiertheit eindeutig" in $\mathbb{Z}$?
- Bestimmen Sie r_j, s_j, ggT und kgV von $a_1 = 16$ und $a_2 = 9$ gemäß 8.10.

8.13 Übungsaufgaben 41 – 44

Aufgabe 41. (1) Es sei $\mathbb{F}_2 = \mathbb{Z}/2\mathbb{Z}$. Man bestimme den größten gemeinsamen Teiler der Polynome $f = X^5 + X^4 + X^3 + X^2 + X + 1$ und $g = X^4 - X^3 - X + 1$ in $\mathbb{F}_2[X]$.

(2) Man zeige, dass die Polynome $X^3 + 2X^2 - X - 1$ und $X^2 + X - 3$ keine gemeinsame Nullstelle in $\mathbb{C}$ besitzen, ohne Nullstellen zu berechnen.

Aufgabe 42. Es sei $R := \mathbb{Z}[\sqrt{-5}] = \{a + b\sqrt{-5} \mid a, b \in \mathbb{Z}\}$.

(1) Man zeige, dass 3 und $1 \pm \sqrt{-5}$ irreduzibel in R sind und dass 3 kein Primelement in R ist.

(2) Man bestimme alle Einheiten in R.

Aufgabe 43. Sei R ein Integritätsring. Man zeige, dass die folgenden Bedingungen äquivalent sind:

(1) R ist faktoriell.

(2) Jede Nichteinheit $\neq 0$ in R wird von einem Primelement geteilt, und jede aufsteigende Kette von Hauptidealen in R wird stationär.

Aufgabe 44. Der in 6.3 definierte Quaternionenschiefkörper $\mathbb{H}$ lässt sich beschreiben als ein 4-dimensionaler $\mathbb{R}$-Vektorraum mit Basis $1, i, j, k$ und den Relationen

$$i^2 = j^2 = k^2 = -1 \text{ und } ij = -ji = k,\ jk = -kj = i,\ ki = -ik = j$$

Für $x, y \in \mathbb{H}$ und $\lambda_0, \lambda_1, \lambda_2, \lambda_3, \mu_0, \mu_1, \mu_2, \mu_3 \in \mathbb{R}$ setze

$$x = \lambda_0 + \lambda_1 i + \lambda_2 j + \lambda_3 k \text{ und } y = \mu_0 + \mu_1 i + \mu_2 j + \mu_3 k.$$

(1) Man berechne die Koeffizienten von i, j, k des Produktes xy.

(2) Man zeige, dass das Polynom $X^2 + 1$ unendlich viele Nullsstellen in $\mathbb{H}$ hat.

9 Primfaktorzerlegung in Polynomringen

Lernziel.
Fertigkeiten: In gewissen Fällen Polynome auf Irreduzibilität testen
Kenntnisse: Irreduzibilitätskriterien, p-tes Kreisteilungspolynom

9.1 Hilfssatz über Primelemente

Hilfssatz. *Sei p eine Nichteinheit $\neq 0$ in einem Integritätsring R. Dann gilt:*

$$\boxed{p \text{ Primelement in } R} \iff \boxed{p \text{ Primelement in } R[X]}$$

Beweis. „$\Rightarrow$" Da pR nach Voraussetzung Primideal ist, sind $\overline{R} := R/pR$ und dann auch $\overline{R}[X]$ Integritätsringe (vgl. 7.4 und Folgerung 6.13). Da der surjektive Ringhomomorphismus

$$\psi\colon R[X] \to \overline{R}[X],\ \sum_{i=0}^{n} a_i X^i \mapsto \sum_{i=0}^{n} \bar{a}_i X^i \text{ mit } \bar{a}_i \equiv a_i \bmod pR,$$

$\mathrm{kern}(\psi) = pR[X]$ erfüllt, impliziert der Homomorphiesatz 7.7, dass auch $R[X]/pR[X]$ ein Integritätsring ist. Hieraus folgt, dass p Primelement in $R[X]$ ist (vgl. 7.4).

„$\Leftarrow$" Zu zeigen: Wenn $p \mid ab$ mit $a, b \in R$ gilt, so gilt $p \mid a$ oder $p \mid b$. Dies ist nach Voraussetzung in $R[X]$ erfüllt, also auch in R, da $a, b \in R$. □

9.2 Primitive Polynome

Definition. Sei R ein faktorieller Ring. Dann ist der *Inhalt* $I(f)$ eines Polynoms $f = a_n X^n + \cdots + a_1 X + a_0 \in R[X] \setminus \{0\}$ definiert als

$$I(f) := \mathrm{ggT}(a_0, \ldots, a_n).$$

Und f heißt *primitiv*, wenn $I(f) \in R^*$ gilt.

Bemerkung.
- Der Inhalt $I(f)$ ist nur bis auf Assoziiertheit eindeutig definiert.
- Es gilt stets $f = I(f) \cdot \tilde{f}$, wobei $\tilde{f}$ primitiv ist.
- *Ist f irreduzibel und vom Grad > 0, so ist f primitiv.*
  (Denn dann gilt $\mathrm{grad}(\tilde{f}) > 0$ nach 6.13 c). Also ist $\tilde{f}$ Nichteinheit nach Folgerung 6.13, und es folgt $I(f) \in R^*$, da f irreduzibel ist.)
- Ist f *normiert*, d.h. $a_n = 1$, so ist f primitiv.

9.3 Übergang zum Quotientenkörper von R

Lemma von Gauß.
Sei R faktoriell, und seien $f, g \in R[X]$ primitiv. Dann ist auch $f \cdot g$ primitiv.

Beweis. Wenn fg nicht primitiv ist, dann gibt es ein Primelement p in R, das alle Koeffizienten von fg teilt, da R faktoriell ist. Nach 9.1 ist p Primelement in $R[X]$, also gilt $p \mid f$ oder $p \mid g$, und daher ist f oder g nicht primitiv. □

9.3 Übergang zum Quotientenkörper von R

Unser Ziel ist es, den Satz von Gauß zu zeigen: *Wenn R ein faktorieller Ring ist, dann ist auch der Polynomring $R[X]$ faktoriell.*
Die Idee ist dabei, zum Quotientenkörper K von R überzugehen und auszunutzen, dass $K[X]$ faktoriell ist, (vgl. die Beispiele in 8.9).

Lemma.
Sei R ein faktorieller Ring, K der Quotientenkörper von R und $f \in R[X]$ mit $f \neq 0$. Dann gelten:

(a) *Ist $f = q_1 \cdot \ldots \cdot q_n$ mit $q_1, \ldots, q_n \in K[X]$, so gibt es $\lambda_1, \ldots, \lambda_n \in K^*$ und primitive Polynome $p_1, \ldots, p_n \in R[X]$ mit*

$$q_1 = \lambda_1 p_1, \ \ldots, \ q_n = \lambda_n p_n \quad \text{und} \quad \lambda_1 \cdot \ldots \cdot \lambda_n =: \lambda \in R$$

(b) *Ist $p \in R[X]$ und p primitiv, so gilt*

$$\boxed{p \mid f \text{ in } K[X]} \Longrightarrow \boxed{p \mid f \text{ in } R[X]}$$

Beweis. **(a)** Sei $i \in \{1, \ldots, n\}$, und sei m_i das Produkt der Nenner der Koeffizienten von q_i. Dann ist $m_i q_i \in R[X]$. Sei $d_i = I(m_i q_i)$ der Inhalt von $m_i q_i$, dann folgt $m_i q_i = d_i p_i$ mit primitivem $p_i \in R[X]$. Für $\lambda_i := \frac{d_i}{m_i}$ gilt dann $q_i = \lambda_i p_i$ und $\lambda_i \in K^*$.
Sei $m = m_1 \cdots m_n$ und $d = d_1 \cdots d_n$. Da $f = q_1 \cdots q_n$ und $m_i q_i = d_i p_i$ gilt, folgt $mf = d p_1 \cdots p_n$. Das Lemma von Gauß ergibt $\varepsilon := I(p_1 \cdots p_n) \in R^*$.
Es folgt $mI(f) = d\varepsilon$ und $\lambda = \frac{d}{m} = I(f)\varepsilon^{-1} \in R$.
(b) Wende (a) für $n = 2$ und $q_1 = p$ an. Dann ist $m_1 = 1$ (da $p \in R[X]$) und $\lambda_1 = d_1 \in R^*$, (da p primitiv nach Voraussetzung).
Wenn $q_1 \mid f$ in $K[X]$ gilt, ist $f = q_1 q_2$ mit einem $q_2 \in K[X]$. Aus (a) folgt $\lambda_2 = \underbrace{\lambda_1^{-1} \cdot \lambda_1 \cdot \lambda_2}_{\in R} \in R$ und also $q_2 = \lambda_2 p_2 \in R[X]$. □

9.4 Satz von Gauß

Satz. *Ist R faktoriell, so ist auch $R[X]$ faktoriell.*

Beweis. Sei $f \in R[X]$ eine Nichteinheit $\neq 0$. Zu zeigen ist, dass f ein Produkt von Primelementen aus $R[X]$ ist.
1. Fall: Es ist $\text{grad}(f) = 0$, also $f \in R$. Da R faktoriell ist, lässt sich dann f in ein Produkt von Primelementen aus R zerlegen, und nach 9.1 sind diese Primelemente auch Primelemente in $R[X]$.
2. Fall: Sei $\text{grad}(f) > 0$, und sei K der Quotientenkörper von R. Da $K[X]$ faktoriell ist, folgt $f = q_1 \cdots q_n$ mit Primelementen $q_1, \ldots, q_n \in K[X]$. Nach 9.3(a) gilt $f = \lambda p_1 \cdots p_n$ mit primitiven $p_1 \cdots p_n \in R[X]$ und $\lambda \in R$. Zerlege λ wie im 1. Fall in ein Produkt von Primelementen aus $R[X]$ und zeige, dass p_i Primelement in $R[X]$ für $i = 1, \ldots, n$ ist. Es gelte $p_i \mid gh$ mit $g, h \in R[X]$. Dann folgt $p_i \mid g$ oder $p_i \mid h$ in $K[X]$, da $q_i = \lambda_i p_i$ mit $\lambda_i \in K^*$ nach 9.3(a) gilt und also mit q_i auch p_i Primelement in $K[X]$ ist. Nach 9.3(b) folgt $p_i \mid g$ oder $p_i \mid h$ in $R[X]$. Also ist p_i Primelement in $R[X]$. □

Induktiv lässt sich der Polynomring $R[X_1, \ldots, X_n]$ in n Unbestimmten definieren durch $R[X_1, \ldots, X_n] = (R[X_1, \ldots, X_{n-1}])[X_n]$.

Korollar. *Ist R faktoriell, so ist auch $R[X_1, \ldots, X_n]$ faktoriell.*

9.5 Umkehrung des Satzes von Gauß

Satz. *Es ist $R[X]$ genau dann faktoriell, wenn R faktoriell ist.*

Beweis. Sei $R[X]$ faktoriell, und sei $a \neq 0$ eine Nichteinheit in R. Dann ist $a = p_1 \ldots p_n$ mit Primelementen $p_1, \ldots, p_n \in R[X]$.
Aus 6.13 (c) folgt $0 = \text{grad}(a) = \sum_{i=1}^{n} \text{grad}(p_i)$. Da $\text{grad}(p_i) \geq 0$ (wegen $a \neq 0$) gilt, folgt $\text{grad}(p_i) = 0$ für $i = 1, \ldots, n$ und also $p_1, \ldots, p_n \in R$. Damit ist gezeigt, dass R faktoriell ist. □

9.6 Wann ist ein Polynomring ein Hauptidealring?

Sei R ein Integritätsring.

Satz. *Es ist $R[X]$ genau dann ein Hauptidealring, wenn R ein Körper ist.*

Beweis. Der Ringhomomorphismus $\varphi \colon R[X] \to R, f \mapsto f(0)$, ist surjektiv und hat das Hauptideal (X) als Kern. Dann gilt $R[X]/(X) \simeq R$ nach dem Homomorphiesatz 7.7. Also ist mit R auch $R[X]/(X)$ ein Integritätsring,

9.7 Eisensteinsches Irreduzibilitätskriterium

und es folgt, dass (X) ein Primideal in $R[X]$ ist nach 7.4. Ist nun $R[X]$ ein Hauptidealring, so ist (X) maximales Ideal nach 8.5, und $R \simeq R[X]/(X)$ ist dann ein Körper nach 7.4. Umgekehrt ist der Polynomring $K[X]$ mit einem Körper K stets ein Hauptidealring, vgl. 8.3. □

Folgerung. Es ist $\mathbb{Z}[X]$ ein faktorieller Ring (nach 8.9 und 9.4), aber $\mathbb{Z}[X]$ ist kein Hauptidealring.

9.7 Eisensteinsches Irreduzibilitätskriterium

Seien R ein faktorieller Ring, K sein Quotientenkörper und

$$f = a_n X^n + \cdots + a_1 X + a_0 \in R[X]$$

ein Polynom vom Grad $n > 0$.

Lemma. (1) *Ist f irreduzibel in $R[X]$, so ist f irreduzibel in $K[X]$.*

(2) *Sei f primitiv. Dann ist f genau dann irreduzibel in $R[X]$, wenn f irreduzibel in $K[X]$ ist.*

Beweis. **(1)**: Falls f nicht irreduzibel in $K[X]$ ist, gibt es nicht-konstante Polynome $q_1, q_2 \in K[X]$ mit $f = q_1 q_2$. Es folgt $f = \lambda p_1 p_2$ mit nicht-konstanten Polynomen $p_1, p_2 \in R[X]$ und $\lambda \in R$ nach 9.3 (a), und also ist f dann nicht irreduzibel in $R[X]$.
(2): Ist f nicht irreduzibel in $R[X]$, so ist $f = gh$ mit Polynomen g, h aus $R[X] \subset K[X]$. Und da f primitiv ist, haben g und h beide einen Grad > 0, und also ist f dann auch in $K[X]$ nicht irreduzibel. □

Satz. (F. G. EISENSTEIN 1823–1853)
Sei f primitiv. Es gebe ein Primelement $p \in R$ mit

$(*)$ $p \mid a_i$ *für* $i = 0, \ldots, n-1$, $p \nmid a_n$ *und* $p^2 \nmid a_0$

Dann ist f irreduzibel in $R[X]$ und also auch in $K[X]$.

Beweis. Wir nehmen an, dass f nicht in $R[X]$ irreduzibel ist und leiten einen Widerspruch her.

Nach Annahme ist $f = gh$ mit $g = \sum_{i=0}^{k} b_i X^i$ und $h = \sum_{i=0}^{\ell} c_i X^i$, wobei $k + \ell = n$ gilt und sowohl $k > 0$ als auch $\ell > 0$ ist, da f primitiv ist. Da $a_0 = b_0 c_0$ und $p \mid a_0$ gilt, folgt $p \mid b_0$ oder $p \mid c_0$ (denn p ist Primelement). Wegen $p^2 \nmid a_0$ kann p nicht beide, b_0 und c_0, teilen.
Es gelte etwa: $\boxed{p \mid b_0}$ und $\boxed{p \nmid c_0}$. Da $p \nmid a_n = b_k c_\ell$ gilt, folgt $p \nmid b_k$.

Sei m der kleinste Index mit $p \nmid b_m$, also mit $p \mid b_i$ für $i = 0, \ldots, m-1$.
Nach Definition der Multiplikation in $R[X]$ gilt

$$a_m = \underbrace{b_0 c_m + b_1 c_{m-1} + \cdots + b_{m-1} c_1}_{\text{durch } p \text{ teilbar}} + b_m c_0 \quad (\text{mit } c_i = 0 \text{ für } i > \ell)$$

Da $p \nmid b_m c_0$ und $p \mid a_i$ für $i < n$ gilt, folgt $m = n$. Hieraus folgt $\mathrm{grad}(g) = n$ wegen $m \leqslant k = \mathrm{grad}(g) \leqslant n$. Es folgt $\ell = 0$ im Widerspruch dazu, dass $\ell > 0$ nach Annahme gilt. □

9.8 Eisensteinpolynome

Definition. Ein Polynom aus $R[X]$ mit den Eigenschaften $(*)$ aus Satz 9.7 heißt *Eisensteinpolynom*.

Beispiel. Sei p eine Primzahl und $n \in \mathbb{N}$. Dann ist $X^n - p$ ein primitives Eisensteinpolynom und also irreduzibel in $\mathbb{Z}[X]$ und damit auch in $\mathbb{Q}[X]$.

Folgerung. Die reelle Zahl $\sqrt[n]{p}$ ist für $n > 1$ nicht rational.

9.9 Irreduziblitätsnachweis durch Substitution

Ist $\varphi \colon R \to S$ ein Homomorphismus von kommutativen Ringen, so ist

$$\varphi_s \colon R[X] \to S, \quad \sum a_i X^i \mapsto \sum \varphi(a_i) \cdot s^i,$$

ein Ringhomomorphismus für $s \in S$.
Spezialfall: $S = R[X]$ und $\varphi \colon R \to R[X]$, $r \mapsto r \cdot 1$.
Dann ist $\varphi_{X-a} \colon R[X] \to R[X]$, $\sum a_i X^i \mapsto \sum a_i (X-a)^i$, ein Ringhomomorphismus für jedes $a \in R$. Man schreibt $X \mapsto X-a$. Vermöge $X \mapsto X+a$ sieht man, dass φ_{X-a} ein Isomorphismus ist. Zum Nachweis der Irreduzibilität von $f \in R[X]$ genügt es also zu zeigen, dass $\varphi_{X-a}(f) = f(X-a)$ irreduzibel ist für passendes $a \in R$.

9.10 Das p-te Kreisteilungspolynom

Sei p eine Primzahl. Dann heißt

$$f = X^{p-1} + X^{p-2} + \cdots + X + 1 \in \mathbb{Z}[X]$$

das *p-te Kreisteilungspolynom*. In $\mathbb{Z}[X]$ gilt

$$\boxed{(X-1) \cdot f = X^p - 1}.$$

Satz.
Das p-te Kreisteilungspolynom f ist irreduzibel in $\mathbb{Z}[X]$ und in $\mathbb{Q}[X]$.

Beweis. Wir benutzen die Substitutionsmethode aus 9.9.
Es ist $f = \frac{X^p-1}{X-1}$ in $\mathbb{Q}[X]$, und daher gilt

$$X f(X+1) = (X+1)^p - 1 = \left(\sum_{i=0}^{p} \binom{p}{i} X^i\right) - 1 = \sum_{i=1}^{p} \binom{p}{i} X^i.$$

Also ist $f(X+1) = \sum_{i=1}^{p} \binom{p}{i} X^{i-1}$ ein (primitives) Eisensteinpolynom, denn es gilt $p \mid \binom{p}{i}$ für $i = 1, \ldots, p-1$, $p \nmid \binom{p}{p} = 1$ und $p^2 \nmid \binom{p}{1} = p$. Es folgt, dass $f(X+1)$, und damit f, irreduzibel in $\mathbb{Z}[X]$ und in $\mathbb{Q}[X]$ ist nach 9.7 und 9.9. □

9.11 Reduktionssatz

Seien R ein faktorieller Ring, K sein Quotientenkörper, $\bar{R} = R/\mathfrak{J}$ mit einem Primideal $\mathfrak{J}$ in R, und sei $R[X] \to \bar{R}[X]$, $f \mapsto \bar{f}$, der kanonische Homomorphismus, bei dem die Koeffizienten jeweils modulo $\mathfrak{J}$ reduziert werden, also:
$$f = \sum a_i X^i \implies \bar{f} = \sum \bar{a}_i X^i \text{ mit } \bar{a}_i \equiv a_i \bmod \mathfrak{J}.$$

Satz.
Sei $f = \sum_{i=0}^{n} a_i X^i \in R[X]$ nichtkonstant und $a_n \notin \mathfrak{J}$. Dann gilt

$$\boxed{\bar{f} \text{ irreduzibel in } \bar{R}[X]} \implies \boxed{f \text{ irreduzibel in } K[X]}$$

Beweis. Es ist $f = d f_0$, wobei $d = I(f) \in R$ der Inhalt von f ist und f_0 primitiv ist, vgl. 9.2. Es genügt zu zeigen, dass f_0 irreduzibel in $R[X]$ ist, denn dann ist f_0 irreduzibel in $K[X]$ nach Lemma 9.7 (1); und da $d \neq 0$ ist, folgt dann die Behauptung.
Da $a_n \notin \mathfrak{J}$ gilt, folgt $\operatorname{grad}(\bar{f}) = \operatorname{grad}(f) \underset{6.13}{=} \operatorname{grad}(f_0)$ und also $\bar{f} = \bar{d}\bar{f_0}$ mit $\bar{d} \in \bar{R}^*$, da $\bar{f}$ irreduzibel. Es ist also $\bar{f_0}$ irreduzibel in $\bar{R}[X]$, und es ist $\operatorname{grad}(\bar{f_0}) = \operatorname{grad}(f_0)$. Angenommen, f_0 ist nicht irreduzibel in $R[X]$. Dann ist $f_0 = gh$ mit nichtkonstanten $g, h \in R[X]$, da f_0 primitiv ist. Es folgt $\bar{f_0} = \bar{g}\bar{h}$ und $\operatorname{grad}(g) + \operatorname{grad}(h) = \operatorname{grad}(f_0) = \operatorname{grad}(\bar{f_0}) = \underbrace{\operatorname{grad}(\bar{g})}_{\leqslant \operatorname{grad}(g)} + \underbrace{\operatorname{grad}(\bar{h})}_{\leqslant \operatorname{grad}(h)}$.
Daher gilt $\operatorname{grad}(\bar{g}) = \operatorname{grad}(g)$ und $\operatorname{grad}(\bar{h}) = \operatorname{grad}(h)$. Also ist $\bar{f_0}$ nicht irreduzibel. Widerspruch. □

9.12 Beispiel zum Reduktionssatz

Man untersuche, ob das Polynom $f = X^5 - X^2 + 10X + 1 \in \mathbb{Z}[X]$ irreduzibel in $\mathbb{Q}[X]$ ist. Sei $\mathfrak{J} = 2\mathbb{Z}$ und $\mathbb{F}_2 = \mathbb{Z}/\mathfrak{J}$. Dann ist

$$\bar{f} = X^5 + X^2 + \bar{1} \in \mathbb{F}_2[X]$$

Prüfe nun, ob $\bar{f}$ von einem Polynom vom Grad 1 oder 2 geteilt wird. Da $\bar{f}$ keine Nullstelle in $\mathbb{F}_2$ besitzt, hat $\bar{f}$ keinen Teiler von Grad 1. Die quadratischen Polynome $X^2 + X$, $X^2 + \bar{1}$, X^2 haben jeweils eine Nullstelle in $\mathbb{F}_2$ und können daher kein Teiler von $\bar{f}$ sein. Durch Division mit Rest erhält man $\bar{f} = (X^3 + X^2)(X^2 + X + \bar{1}) + \bar{1}$, und also gilt $(X^2 + X + \bar{1}) \nmid \bar{f}$. Es folgt, dass $\bar{f}$ ist irreduzibel in $\mathbb{F}_2[X]$ ist. Der Reduktionssatz 9.11 ergibt nun, dass f irreduzibel in $\mathbb{Q}[X]$.

Lernerfolgstest.
- Was ist Inhalt eines normierten Polynoms?
- Sei R ein Integritätsring, und der Polynomring $R[X]$ sei euklidisch. Was können Sie dann über R aussagen?
- Welche verschiedenen Methoden zum Prüfen von Irreduzibilität kennen Sie ?

9.13 Übungsaufgaben 45 – 48

Aufgabe 45. Der folgende Beweis, dass es unendlich viele Primzahlen gibt, stammt von Euklid: Sind $p_1, \ldots, p_k$ Primzahlen, so muss jeder Primfaktor von $n = 1 + p_1 \cdot p_2 \cdot \ldots \cdot p_k$ von allen p_i verschieden sein; die Liste $p_1, \ldots, p_k$ ist also nicht vollständig. Man verwende diese Beweisidee, um zu zeigen, dass der Polynomring $K[X]$ für jeden Körper K unendlich viele Primideale besitzt.

Aufgabe 46. Sei $f = X^3 + 3X^2 - 4X - 1$. Man zeige mit Hilfe des Reduktionssatzes, dass f in $\mathbb{Q}[X]$ irreduzibel ist.

Aufgabe 47. Man zeige, dass folgende Polynome in $\mathbb{Q}[X]$ irreduzibel sind:

(a) $2X^4 + 200X^3 + 2000X^2 + 20000X + 20$,

(b) $X^4 + 3X^3 + X^2 - 2X + 1$.

Aufgabe 48. Man untersuche die folgenden Polynome in $\mathbb{Q}[X]$ auf Irreduzibilität:

(a) $X^5 + 7X^3 + 4X^2 + 6X + 1$,

(b) $X^4 - 4X^3 + 6X^2 - 4X - 9999$.

10 R-Moduln

Der Begriff des Vektorraums lässt sich leicht verallgemeinern, indem man als Skalarbereich statt eines Körpers einen Ring R zulässt. Man spricht dann von einem R-Modul. Zum Beispiel ist jede abelsche Gruppe ein $\mathbb{Z}$-Modul. Ziel dieses Kapitels ist es, das *Tensorprodukt* von Moduln einzuführen und den in 3.8 angekündigten Hauptsatz für endlich erzeugte abelsche Gruppen zu beweisen.

Lernziel.
Fertigkeiten: Begriffe wie lineare Unabhängigkeit, Basis, Erzeugensystem auf R-Moduln übertragen
Kenntnisse: Tensorprodukt von Moduln, Hauptsatz für endlich erzeugte abelsche Gruppen

10.1 Links- und Rechtsmoduln

Sei R ein Ring.

Definition. 1) Eine abelsche Gruppe M, versehen mit einer Skalarmultiplikation $R \times M \to M$, $(r,m) \mapsto rm$, heißt R-*Modul* oder R-*Linksmodul* wenn für alle $r_1, r_2, r \in R$ und $m_1, m_2, m \in M$ gilt:

$$\begin{aligned} r(m_1 + m_2) &= rm_1 + rm_2 \\ (r_1 + r_2)m &= r_1 m + r_2 m \\ r_1(r_2 m) &= (r_1 r_2)m \\ 1m &= m \end{aligned}$$

(*)

2) Eine abelsche Gruppe M, versehen mit einer Skalarmultiplikation von rechts, $M \times R \to M$, $(m,r) \mapsto mr$, heißt R-*Rechtsmodul*, wenn die zu (*) analogen Eigenschaften gelten.

10.2 Beispiele für R-Moduln

1) R ist ein R-Modul (mit Multiplikation in R).

2) Jedes Linksideal in R.

3) Jeder K-Vektorraum, wenn $R = K$ Körper.

4) Jede abelsche Gruppe G ist ein $\mathbb{Z}$-Modul, denn es ist $nx = x + \cdots + x$ mit n Summanden in G und also $(-n)x = -(nx)$ in G für jedes $x \in G$ und $n \in \mathbb{N}$.

10.3 R-Modulhomomorphismen

Definition. Eine Abbildung $\varphi\colon M \to M'$ mit R-Moduln M, M' heißt R-Modulhomomorphismus oder R-linear, wenn für $m, m' \in M, r \in R$ gilt

$$\varphi(m + m') = \varphi(m) + \varphi(m')$$
$$\text{und } \varphi(rm) = r\varphi(m).$$

Ebenso wie der Begriff des Vektorraums lässt sich auch der Begriff einer K-Algebra leicht verallgemeinern, und man kommt zum Begriff einer R-Algebra. Es ist dann zum Beispiel die Menge

$$\operatorname{End}_R M := \{\varphi\colon M \to M \mid \varphi \text{ ist } R\text{-linear}\}$$

aller Endomorphismen eines R-Moduls M eine R-Algebra mit

$$(\varphi + \psi)(m) := \varphi(m) + \psi(m)$$
$$(\varphi \circ \psi)(m) := \varphi(\psi(m))$$
$$(r\varphi)(m) := r\varphi(m)$$

für alle $m \in M, r \in R, \varphi, \psi \in \operatorname{End}_R M$ (vgl. AGLA 11.18).

10.4 Untermoduln

Definition. Eine additive Untergruppe N eines R-Moduls M heißt *Untermodul*, wenn $rn \in N$ für alle $n \in N, r \in R$ gilt.

Satz. (Homomorphiesatz)
Ist $\varphi\colon M \to M'$ eine R-lineare Abbildung, so sind

$$\operatorname{kern}(\varphi) := \{m \in M \mid \varphi(m) = 0\} \text{ bzw.}$$
$$\operatorname{bild}(\varphi) := \{\varphi(m) \mid m \in M\}$$

Untermoduln von M bzw. M', und φ induziert einen Isomorphismus

$$M/\operatorname{kern}(\varphi) \xrightarrow{\sim} \operatorname{bild}(\varphi), \ m + \operatorname{kern}(\varphi) \mapsto \varphi(m).$$

10.5 Erzeugendensysteme

Definition.
Sei M ein R-Modul. Eine Familie $(m_i \in M)_{i \in I}$ (wobei I eine Indexmenge sei) heißt *Erzeugendensystem* (bzw. *Basis*) von M, wenn sich jedes $m \in M$ schreiben (bzw. eindeutig schreiben) lässt als $m = \sum_{i \in I} r_i m_i$, wobei $r_i \in R$ und nur endlich viele $r_i \neq 0$ sind.

Besitzt M ein endliches Erzeugendensystem, so heißt M *endlich erzeugt* über R. Besitzt M eine Basis, so heißt M ein *freier R-Modul*. Im Allgemeinen sind R-Moduln nicht frei.

10.6 Beispiele für freie Moduln

1) $R^n = R \times \cdots \times R$ ist freier R-Modul (Addition und Skalarmultiplikation komponentenweise). Eine Basis ist die Standardbasis.

2) Für jede Menge $Y \neq \emptyset$ gibt es den freien $\mathbb{Z}$-Modul $\mathbb{Z}^Y$ mit Basis Y. Es ist $\mathbb{Z}^Y := \{f\colon Y \to \mathbb{Z} \mid f(y) \neq 0 \text{ für nur endlich viele } y\}$ mit
Addition: $(f + \tilde{f})(x) := f(x) + \tilde{f}(x)$ für alle $x \in Y$,
Skalarmultiplikation: $(nf)(x) := n \cdot f(x)$ für alle $x \in Y, n \in \mathbb{Z}$,
Basis: $\{f_y\colon Y \to \mathbb{Z} \mid y \in Y\}$, wobei $f_y\colon Y \to \mathbb{Z}$, $x \mapsto \begin{cases} 1 & \text{für } x = y \\ 0 & \text{für } x \neq y \end{cases}$.

Die Abbildung $Y \to \{f_y \mid y \in Y\}$, $y \mapsto f_y$, ist eine Bijektion. Schreibe daher y statt f_y.

10.7 Definition des Tensorprodukts

Sei R ein Ring, M ein R-Rechtsmodul und P ein R-Linksmodul. Sei U der Untermodul von $\mathbb{Z}^{M \times P}$, der von allen Elementen der Form

$$(m + m', p) - (m, p) - (m', p),$$
$$(m, p + p') - (m, p) - (m, p') \text{ und}$$
$$(mr, p) - (m, rp)$$

mit $r \in R$, $m, m' \in M$ und $p, p' \in P$ erzeugt wird.

Definition. Der $\mathbb{Z}$-Modul $\mathbb{Z}^{M \times P}/U =: M \otimes_R P$ heißt das *Tensorprodukt von M und P über R*. Für $m \in M$ und $p \in P$ bezeichnet $m \otimes p$ die Restklasse $(m, p) + U$ in $M \otimes_R P$.

Nach Definition gilt dann:

(a) $(m + m') \otimes p = m \otimes p + m' \otimes p$
$m \otimes (p + p') = m \otimes p + m \otimes p'$
$mr \otimes p = m \otimes rp$ für alle $m, m' \in M, p, p' \in P, r \in R$

(b) Jedes $z \in M \otimes_R P$ kann geschrieben werden als

$$z = \sum_{i=1}^{n} m_i \otimes p_i \text{ mit } m_i \in M, p_i \in P \text{ und } n \in \mathbb{N}$$

Die Darstellung ist im Allgemeinen *nicht* eindeutig.

(c) Ist R kommutativ, so ist $M \otimes_R P$ ein R-Modul vermöge

$$r(m \otimes p) = mr \otimes p = m \otimes rp$$

für alle $r \in R, m \in M, p \in P$.

10.8 Universelle Eigenschaft des Tensorproduktes

Satz. *Sei V ein $\mathbb{Z}$-Modul. Jede bilineare Abbildung $\gamma\colon M \times P \to V$ mit*

(1) $\quad\boxed{\gamma(mr,p) = \gamma(m,rp) \quad \text{für alle } m \in M,\, p \in P,\, r \in R}$

induziert einen eindeutig bestimmten Homomorphismus

$$g\colon M \otimes_R P \to V \text{ mit } g(m \otimes p) = \gamma(m,p)$$

Folgendes Digramm ist also kommutativ:

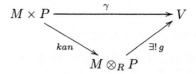

Beweis. Setze γ fort zu $\gamma'\colon \mathbb{Z}^{M \times P} \to V$, $\sum_i z_i(m_i,p_i) \mapsto \sum_i z_i\gamma(m_i,p_i)$ mit $z_i \in \mathbb{Z}$, $m_i \in M$, $p_i \in P$. Dann ist γ' eine $\mathbb{Z}$-lineare Abbildung, und es gilt $\gamma'(u) = 0$ für alle $u \in U$, da γ bilinear und (1) erfüllt. Daher induziert γ' eine $\mathbb{Z}$-lineare Abbildung $g\colon M \otimes_R P \to V$ mit $g(m \otimes p) = \gamma(m,p)$ für alle $m \in M, p \in P$, und g ist hierdurch eindeutig bestimmt. □

10.9 Folgerungen

Mit Hilfe der universellen Eigenschaft lassen sich leicht Homomorphismen $M \otimes_R P \to V$ konstruieren.

Satz. *Es gibt kanonische $\mathbb{Z}$-Modulisomorphismen*

$$M \otimes_R R \to M,\ m \otimes r \mapsto mr \text{ und}$$
$$R \otimes_R P \to P,\ r \otimes p \mapsto rp\,.$$

Ist R kommutativ, so sind diese R-linear.

Beweis. Die bilineare Abbildung $\gamma\colon M \times R \to M$, $(m,r) \mapsto mr$, erfüllt (1). Nach 10.8 gibt es genau eine $\mathbb{Z}$-lineare Abbildung $g\colon M \otimes_R R \to M$ mit $g(m \otimes r) = mr$ für alle $m \in M, r \in R$. Die Abbildung ist bijektiv mit Umkehrabbildung $M \to M \otimes_R R$, $m \mapsto m \otimes 1$. □

10.10 Das Tensorprodukt von direkten Summen

Seien I, J Indexmengen. Die direkte Summe
$$M := \bigoplus_{i \in I} M_i$$
von R-Rechtsmoduln M_i besteht aus Familien (m_i), wobei $m_i \neq 0$ für nur endlich viele $i \in I$. Addition und Skalarmultiplikation wird in M komponentenweise definiert. Analog erhält man die direkte Summe $\bigoplus_{j \in J} P_j$ von R-Linksmoduln P_j.

Satz.
Es gibt einen kanonischen $\mathbb{Z}$-Modulisomorphismus
$$\left(\bigoplus_{i \in I} M_i\right) \otimes_R \left(\bigoplus_{j \in J} P_j\right) \to \bigoplus_{(i,j) \in I \times J} (M_i \otimes_R P_j),$$
$$(m_i) \otimes (p_j) \mapsto (m_i \otimes p_j).$$

Dieser ist R-linear, falls R kommutativ ist.

Beweis. Konstruktion der Abbildung und ihrer Umkehrabbildung analog wie in 10.9. □

10.11 Tensorprodukt mit einem freien Modul

Satz.

(1) *Ist M ein freier R-Rechtsmodul mit Basis $\{m_i \mid i \in I\}$, so lässt sich jedes $z \in M \otimes_R P$ schreiben als*
$$z = \sum_i m_i \otimes p_i$$
mit eindeutig bestimmten $p_i \in P$ (die fast alle 0 sind).

(2) *Ist R kommutativ, und ist M ein R-Modul mit Basis $\{m_1, \ldots, m_n\}$, so ist $M \simeq R^n$, und jede Basis von M hat n Elemente (n heißt dann Rang).*

(3) *Seien V, W zwei K-Vektorräume, $\{v_1, \ldots, v_n\}$ eine Basis von V und $\{w_1, \ldots, w_m\}$ eine Basis von W.
Dann ist $\{v_i \otimes w_j \mid i = 1, \ldots, n, \ j = 1, \ldots, m\}$ eine Basis von $V \otimes_K W$.
Insbesondere gilt*
$$\dim_K(V \otimes_K W) = (\dim_K V) \cdot (\dim_K W).$$

Beweis.

(1) Es ist $M \otimes_R P \simeq \left(\bigoplus_i m_i R\right) \otimes_R P \underset{10.10}{\simeq} \bigoplus_i (m_i R) \otimes_R P \underset{10.9}{\simeq} \bigoplus_i P$, da $m_i R \simeq R$.

(2) Nach 7.6 gibt es ein maximales Ideal $\mathfrak{m}$ in R. Mit $P = R/\mathfrak{m}$ folgt wie in (1), dass $M \otimes_R R/\mathfrak{m} \simeq (R/\mathfrak{m})^n$ ist. Da $R/\mathfrak{m}$ ein Körper ist (vgl. 7.4), folgt aus dem entsprechenden Satz für Vektorräume die Behauptung (vgl. AGLA 4.6).

(3) folgt mit Hilfe von (1).

□

10.12 Der Hauptsatz über endlich erzeugte abelsche Gruppen
(Eine Ergänzung von Michael Adam)

Die Vorlesungszeit war zu knapp, um den folgenden grundlegenden Satz zu beweisen:

Hauptsatz über endlich erzeugte abelsche Gruppen.
Jede endlich erzeugte abelsche Gruppe ist zu einer Gruppe der Form
$$\mathbb{Z}^r \oplus (\mathbb{Z}/p_1^{e_1}\mathbb{Z}) \oplus \cdots \oplus (\mathbb{Z}/p_n^{e_n}\mathbb{Z})$$
isomorph, wobei $r \in \mathbb{Z}_{\geqslant 0}$ ist, die p_i Primzahlen sind (nicht notwendigerweise verschieden) und $e_i \in \mathbb{N}$.

Dieser Satz ist der Spezialfall für den Ring $\mathbb{Z}$ des allgemeineren Hauptsatzes für endlich erzeugte Moduln über Hauptidealringen. (Erinnerung: Abelsche Gruppen sind „das gleiche" wie $\mathbb{Z}$-Moduln.) Weil sich die Gestalt des endlichen Teils in diesem Fall als relativ leichte Folgerung aus den Sylowsätzen ergibt, möchte ich hier als Ergänzung zur Vorlesung einen Beweis vorführen. Er gliedert sich in zwei größere Schritte:

1. Zerlegung in freien und endlichen Anteil: $A \simeq \mathbb{Z}^r \oplus A_{\text{tors}}$. Dabei ist A_{tors} die Untergruppe von A der Elemente endlicher Ordnung.

2. Die Strukturaussage für den endlichen Anteil A_{tors}. Dies könnte auch „Hauptsatz über endliche abelsche Gruppen" genannt werden.

Die beiden Teile des Beweises sind unabhängig voneinander. **Wer also nur an endlichen abelschen Gruppen interessiert ist, kann auch direkt Abschnitt 10.12.2 lesen.**
Der Isomorphismus aus dem Hauptsatz ist nicht eindeutig. Aussagen über die Eindeutigkeit der Darstellung werden in Abschnitt 10.12.3 gemacht.

10.12 Hauptsatz über endlich erzeugte abelsche Gruppen

10.12.1 Die Zerlegung in endlichen und freien Anteil

Dieser Schritt geht ganz genauso für Moduln über beliebigen Hauptidealringen. Ich schreibe auch meist „$\mathbb{Z}$-Modul" statt „abelsche Gruppe". Weil ich noch einige generelle Aussagen über freie Moduln bringen muss, ist dieser Abschnitt etwas länglich (aber nicht schwierig – der endliche Anteil ist zumindest ohne die Sylow-Sätze deutlich schwieriger).

Sei A eine endlich erzeugte abelsche Gruppe. Es bezeichne A_{tors} die Teilmenge von A der Elemente endlicher Ordnung (*Torsionselemente*[1]); dies ist eine Untergruppe, die *Torsionsuntergruppe* von A. Jetzt soll gezeigt werden, dass A/A_{tors} ein freier $\mathbb{Z}$-Modul ist und $A \simeq A_{\text{tors}} \oplus (A/A_{\text{tors}})$. Der Beweis wird in mehrere separate Behauptungen unterteilt.

Behauptung 3.
Sei A ein endlich erzeugter $\mathbb{Z}$-Modul. Dann ist A/A_{tors} torsionsfrei, besitzt also keine Elemente endlicher Ordnung außer 0.

Beweis. Das ist „philosophisch" klar, weil man ja die Torsion aus A herausgeteilt hat. Der richtige Beweis ist auch nicht schwer:
Sei $a \in A$ derart, dass $n \cdot \bar{a} = 0$ in A/A_{tors} für ein $n \in \mathbb{N}$. Das heißt $n \cdot a \in A_{\text{tors}}$. Aber wenn $n \cdot a$ von endlicher Ordnung ist, dann auch a. Folglich ist $a \in A_{\text{tors}}$ und somit $\bar{a} = 0$ in A/A_{tors}. $\square$

Behauptung 4. *Endlich erzeugte torsionsfreie $\mathbb{Z}$-Moduln sind frei.*

Zum Beweis benötige ich zwei Tatsachen über freie Moduln: Erstens wurde schon bewiesen, dass alle Basen eines endlich erzeugten freien $\mathbb{Z}$-Moduls die gleiche Mächtigkeit[2] haben. (Sie wird *Rang* von A genannt.) Die zweite Aussage beschäftigt sich mit Untermoduln von freien Moduln:

Behauptung 5.
Jeder Untermodul B eines endlich erzeugten freien $\mathbb{Z}$-Moduls A ist wieder frei, und $\text{rang}(B) \leqslant \text{rang}(A)$.

Beweis. Sei A ein endlich erzeugter freier $\mathbb{Z}$-Modul und $B \subset A$ ein Untermodul. Sei $\{x_1, \ldots, x_n\}$ eine Basis von A. Der Beweis wird per Induktion über den Rang n von A geführt.

---

[1] Allgemein heißt ein Element m eines R-Moduls M *Torsionselement*, wenn es ein $r \in R \setminus \{0\}$ gibt mit $r \cdot m = 0$.

[2] Die *Mächtigkeit* oder *Kardinalität* einer Menge ist die Anzahl ihrer Elemente. Dies aber nicht nur für endliche Mengen – die Mächtigkeit der natürlichen Zahlen (abzählbar) zum Beispiel heißt $\aleph_0$ (Aleph null).

1. Sei $n = 1$. Dann ist also $B \subset \mathbb{Z}x_1$. Die Menge I der $n \in \mathbb{Z}$ mit $n \cdot x_1 \in B$ bildet ein Ideal in $\mathbb{Z}$, also gibt es ein $a \in \mathbb{Z}$ mit $I = \mathbb{Z} \cdot a$. Damit ist $B = \mathbb{Z}ax_1$ frei vom Rang 0 oder 1, je nachdem, ob $a = 0$ oder $a \neq 0$.

2. Für den Induktionsschritt sei $n \geq 1$. Setze $A_1 := \mathbb{Z}x_2 \oplus \cdots \oplus \mathbb{Z}x_n \subset A$. Dann ist A_1 frei vom Rang $n-1$, und nach Induktion ist $B_1 = B \cap A_1$ frei vom Rang $\leq n-1$. Nun betrachte die Projektion $p_1 : A \to \mathbb{Z}x_1$ mit Kern A_1. Ist $p_1(B) = \{0\}$, so ist $B = B_1$ frei vom Rang $\leq n-1$, und wir sind fertig. Anderenfalls ist $p_1(B) = \mathbb{Z}ax_1$ mit einem $a \in \mathbb{Z} \setminus \{0\}$. Wähle ein $y_1 \in B$ mit $p_1(y_1) = ax_1$. Dann gilt $B = \mathbb{Z}y_1 \oplus B_1$:

    (a) Es ist $B_1 \cap \mathbb{Z}y_1 = \{0\}$, denn $ny_1 \in B_1$ bedeutet $0 = p_1(ny_1) = nax_1$, also $n = 0$.

    (b) Es ist $B = \mathbb{Z}y_1 \oplus B_1$: Sei $b \in B$. Sei $p_1(b) = nax_1$. Dann ist $b = ny_1 + (b - ny_1)$ mit $b - ny_1 \in \ker(p_1) = B_1$.

    Damit ist B frei vom Rang $= 1 + \operatorname{rang}(B_1) \leq n$.

$\square$

Beweis von Behauptung 4. Sei also A ein endlich erzeugter, torsionsfreier $\mathbb{Z}$-Modul. Sei $\{a_1, \ldots, a_n\}$ ein Erzeugendensystem für A, und sei $\{b_1, \ldots, b_m\} \subset \{a_1, \ldots, a_n\}$ maximal linear unabhängig. Dann ist

$$B = \langle b_1, \ldots, b_m \rangle = \mathbb{Z}b_1 \oplus \cdots \oplus \mathbb{Z}b_m \subset A$$

ein freier Untermodul. Wir wollen zeigen, dass es ein $r \in \mathbb{Z} \setminus \{0\}$ gibt, so dass $r \cdot A \subset B$. Dann sind wir fertig, denn weil A torsionsfrei ist, ist die Abbildung $A \to A, a \mapsto r \cdot a$ injektiv, d. h. A ist als $\mathbb{Z}$-Modul isomorph zu rA, und dieser ist als Untermodul des freien Moduls B nach Behauptung 5 ein freier Modul.

Weil $\{b_1, \ldots, b_m\} \subset \{a_1, \ldots, a_n\}$ maximal linear unabhängig gewählt war, gibt es für jedes $i \in \{1, \ldots, n\}$ ein $r_i \in \mathbb{Z} \setminus \{0\}$ so, dass $r_i \cdot a_i \in B$. (Ist $a_i = b_j$ für ein j, so setze $r_i = 1$, sonst benutze die lineare Abhängigkeit von $\{a_i, b_1, \ldots, b_m\}$.) Damit ist $r_1 \cdot r_2 \cdot \ldots \cdot r_n \cdot a_i \in B$ für jedes i. Mit $r := r_1 \cdot r_2 \cdot \ldots \cdot r_n$ gilt also $r \cdot A \subset B$. $\square$

Nun wissen wir also, dass für eine endlich erzeugte abelsche Gruppe A der Modul A/A_{tors} frei ist. Wir müssen noch zeigen, dass $A \simeq (A/A_{\text{tors}}) \oplus A_{\text{tors}}$ gilt.

10.12 Hauptsatz über endlich erzeugte abelsche Gruppen

Behauptung 6. *Sei A ein endlich erzeugter $\mathbb{Z}$-Modul. Sei $\{x_1, \ldots, x_n\}$ eine Basis von A/A_{tors}, und seien $a_i \in A$ derart, dass $\pi(a_i) = x_i$ unter der kanonischen Abbildung $\pi : A \to A/A_{\text{tors}}$. Dann ist $\{a_1, \ldots, a_n\}$ linear unabhängig, die Einschränkung von π auf $\mathbb{Z}a_1 \oplus \cdots \oplus \mathbb{Z}a_n$ ist ein Isomorphismus $\mathbb{Z}a_1 \oplus \cdots \oplus \mathbb{Z}a_n \xrightarrow{\sim} A/A_{\text{tors}}$, und es gilt*

$$A = A_{\text{tors}} \oplus (\mathbb{Z}a_1 \oplus \cdots \oplus \mathbb{Z}a_n) \simeq A_{\text{tors}} \oplus (A/A_{\text{tors}}).$$

Beweis. Sei $r_1 a_1 + \ldots r_n a_n = 0$. Dann ist

$$0 = \pi(r_1 a_1 + \cdots + r_n a_n) = r_1 x_1 + \cdots + r_n x_n.$$

Folglich sind alle $r_i = 0$, weil die x_i linear unabhängig sind. Also ist $\{a_1, \ldots, a_n\}$ linear unabhängig. Dass π durch Einschränkung einen Isomorphismus von $A' = \mathbb{Z}a_1 \oplus \cdots \oplus \mathbb{Z}a_n$ nach A/A_{tors} induziert, ist damit klar. Es ist noch zu zeigen, dass $A = A_{\text{tors}} \oplus A'$ ist.

1. Es ist $A_{\text{tors}} \cap A' = \{0\}$, weil A' frei ist und A_{tors} nur aus Torsionselementen besteht.

2. Sei $a \in A$. Sei $\pi(a) = r_1 x_1 + \cdots + r_n x_n$. Dann ist $a' = r_1 a_1 + \cdots + r_n a_n \in A'$ und $a - a' \in \text{kern}(\pi) = A_{\text{tors}}$. Somit ist $A = A_{\text{tors}} + A'$.

□

10.12.2 Die Struktur des endlichen Anteils

In Abschnitt 3.8 ist bereits gezeigt worden, dass jede endliche abelsche Gruppe Produkt ihrer Sylowgruppen ist. Um den Hauptsatz zu beweisen, müssen nun nur noch die einzelnen Sylowgruppen untersucht werden.

Behauptung 7.
Sei p eine Primzahl und A eine endliche abelsche p-Gruppe. Dann gibt es natürliche Zahlen $e_1, \ldots, e_n$, so dass

$$A \simeq \mathbb{Z}/p^{e_1}\mathbb{Z} \oplus \cdots \oplus \mathbb{Z}/p^{e_n}\mathbb{Z}.$$

Beweis. Wir beweisen die Behauptung durch Induktion über die Gruppenordnung. Ist $|A| = p$ (oder 1), so ist die Behauptung wahr. Für den Induktionsschritt sei $a_1 \in A$ ein Element maximaler Ordnung p^{e_1}. Ist $A = \langle a_1 \rangle$, so sind wir fertig; ansonsten ist nach Induktionsvoraussetzung $A/\langle a_1 \rangle \simeq \langle \bar{a}_2 \rangle \oplus \cdots \oplus \langle \bar{a}_n \rangle$ mit Elementen $\bar{a}_i$ der Ordnung p^{e_i}.
Behauptung: Es gibt Vertreter a_i von $\bar{a}_i$ mit $\text{ord}(a_i) = \text{ord}(\bar{a}_i) = p^{e_i}$.
Um das zu beweisen, sei allgemein $\bar{a} \in A/\langle a_1 \rangle$ ein Element der Ordnung p^r und $a \in A$ irgendein Vertreter. Dann ist $p^r a \in \langle a_1 \rangle$, etwa $p^r a = p^s \cdot m \cdot a_1$

mit $p \nmid m$. Dann ist $\mathrm{ord}(a) = p^{r+(e_1-s)}$. Auf Grund der Maximalität der Ordnung von a_1 folgt $r + e_1 - s \leqslant e_1$ also $r \leqslant s$.
Daher ist $p^r(a - p^{s-r} \cdot m \cdot a_1) = 0$, und folglich ist $a - p^{s-r} \cdot m \cdot a_1$ ein Vertreter von $\bar{a}$ der Ordnung p^r.
Seien nun also a_i Vertreter von $\bar{a}_i$ mit $\mathrm{ord}(a_i) = \mathrm{ord}(\bar{a}_i)$. Dann gilt

$$A = \langle a_1 \rangle \oplus \cdots \oplus \langle a_n \rangle,$$

denn:

1. Es ist $\langle a_1 \rangle \cap \langle a_2, \ldots, a_n \rangle = \{0\}$: Sei $a = m_2 a_2 + \cdots + m_n a_n \in \langle a_1 \rangle$. Dann ist $a \bmod \langle a_1 \rangle = m_2 \bar{a}_2 + \cdots + m_n \bar{a}_n = 0$, und das bedeutet $m_2 = \cdots = m_n = 0$, weil ja $A/\langle a_1 \rangle = \langle \bar{a}_2 \rangle \oplus \cdots \oplus \langle \bar{a}_n \rangle$. Also ist $a = 0$.

2. Es ist $A = \langle a_1 \rangle + \cdots + \langle a_n \rangle$: Sei $a \in A$. Sei $a \bmod \langle a_1 \rangle = m_2 \bar{a}_2 + \cdots + m_n \bar{a}_n$. Dann ist $a - (m_2 a_2 + \cdots + m_n a_n) \in \langle a_1 \rangle$, etwa $= m_1 a_1$, und damit ist $a = m_1 a_1 + m_2 a_2 + \cdots + m_n a_n \in \langle a_1 \rangle + \cdots + \langle a_n \rangle$.

Da $\langle a_i \rangle \simeq \mathbb{Z}/p^{e_i}\mathbb{Z}$, ist damit alles gezeigt. □

Bemerkung. Man kann den Beweis wie folgt auch mit einer etwas anderen Induktion führen, die etwas konstruktiver ist. Dazu wählt man zunächst wieder $a_1 \in A$ von maximaler Ordnung p^{e_1}; dann wählt man $\bar{a}_2 \in A/\langle a_1 \rangle$ von maximaler Ordnung p^{e_2} und wählt wie oben einen Vertreter a_2 der gleichen Ordnung. Dann gilt $\langle a_1 \rangle \cap \langle a_2 \rangle = \{0\}$, und somit $\langle a_1, a_2 \rangle \simeq \langle a_1 \rangle \oplus \langle a_2 \rangle$. Man wählt dann weiter $\bar{a}_3 \in A/\langle a_1, a_2 \rangle$ von maximaler Ordnung p^{e_3}, einen Vertreter a_3 von gleicher Ordnung, und induktiv $\bar{a}_i \in A/\langle a_1, \ldots, a_{i-1} \rangle$ von maximaler Ordnung p^{e_i} sowie einen Vertreter a_i der gleichen Ordnung. Dabei geht das Finden des Vertreters im Prinzip genauso wie oben, nur werden die Notationen (und auch die Argumente) aufwändiger. Dann gilt jeweils $\langle a_1, \ldots, a_{i-1} \rangle \simeq \langle a_1 \rangle \oplus \cdots \oplus \langle a_{i-1} \rangle$ und $\langle a_1, \ldots, a_{i-1} \rangle \cap \langle a_i \rangle = \{0\}$, und man folgert $\langle a_1, \ldots, a_i \rangle \simeq \langle a_1 \rangle \oplus \cdots \oplus \langle a_i \rangle$. Weil A endlich ist, muss dieser Prozess abbrechen, d. h. irgendwann gilt $A = \langle a_1, \ldots, a_n \rangle$, und man ist fertig. ◇

10.12.3 Über die Eindeutigkeit der Darstellung

Schließlich soll noch die Eindeutigkeit der Summenzerlegung

$$A \simeq \mathbb{Z}^r \oplus (\mathbb{Z}/p_1^{e_1}\mathbb{Z}) \oplus \cdots \oplus (\mathbb{Z}/p_n^{e_n}\mathbb{Z})$$

aus dem Hauptsatz diskutiert werden.

- Der freie Summand $\mathbb{Z}^r$ ist nicht eindeutig bestimmt, wohl aber die Zahl r, der *Rang* von A: Es ist der Rang des freien Moduls A/A_{tors}.

- Die einzelnen endlichen Summanden sind nicht eindeutig bestimmt, wohl aber die Summe aller endlichen Summanden: Dies ist die Untergruppe A_{tors} der Elemente endlicher Ordnung von A.

- In A_{tors} ist die Summe A_p aller Summanden, deren Ordnung Potenz einer festen Primzahl p ist, eindeutig bestimmt: Dies ist die p-Sylowgruppe von A_{tors}.

- Ist $A_p = \mathbb{Z}/p^{e_{p,1}}\mathbb{Z} \oplus \cdots \oplus \mathbb{Z}/p^{e_{p,n_p}}\mathbb{Z}$ mit $e_{p,1} \geqslant e_{p,2} \geqslant \ldots \geqslant e_{p,n_p}$, so ist die Untergruppe $\mathbb{Z}/p^{e_{p,1}} \oplus \cdots \oplus \mathbb{Z}/p^{e_{p,i}}$ eindeutig bestimmt: Dies ist die von den Elementen von Ordnung mindestens p^{e_i} erzeugte Untergruppe. Daraus ergibt sich, dass die Folge $e_{p,1}, \ldots, e_{p,n_p}$ eindeutig bestimmt ist. A_p ist durch die Folge $e_{p,1}, \ldots, e_{p,n_p}$ bis auf Isomorphie festgelegt.

Schreibt man genauer als oben

$$(1) \quad A \simeq \mathbb{Z}^r \oplus (\mathbb{Z}/p_1^{e_{p_1,1}}\mathbb{Z} \oplus \cdots \oplus \mathbb{Z}/p_1^{e_{p_1,n_{p_1}}}\mathbb{Z}) \oplus \cdots$$
$$\cdots \oplus (\mathbb{Z}/p_m^{e_{p_m,1}}\mathbb{Z} \oplus \cdots \oplus \mathbb{Z}/p_m^{e_{p_m,n_{p_m}}}\mathbb{Z})$$

mit $e_{p_i,1} \geqslant e_{p_i,2} \geqslant \ldots \geqslant e_{p_i,n_{p_i}}$, so ist also die Folge

$$r, (e_{p_1,1}, \ldots, e_{p_1,n_{p_1}}), \ldots, (e_{p_m,1}, \ldots, e_{p_m,n_{p_m}})$$

eindeutig bestimmt, und diese legt andersherum A bis auf Isomorphie fest.

Lernerfolgstest.
- Zeigen Sie, dass der Kern eines R-Modulhomomorphismus $\varphi\colon M \to M'$ ein Untermodul von M ist.
- Zeigen Sie, dass das Bild eines R-Modulhomomorphismus $\varphi\colon M \to M'$ ein Untermodul von M' ist.
- Zeigen Sie analog wie in 10.9, dass $M \otimes_R P \simeq P \otimes_R M$ gilt, wenn R kommutativ ist.

10.13 Übungsaufgaben 49–50

Seien R ein kommutativer Ring und M ein R-Modul. Man nennt n Elemente $m_1, \ldots, m_n \in M$ *linear abhängig*, wenn es in M eine Linearkombination $r_1 m_1 + \cdots + r_n m_n = 0$ gibt, bei der mindestens einer der Koeffizienten $r_1, \ldots, r_n \in R$ ungleich 0 ist.

Eine Teilmenge $S \subset M$ mit n Elementen heißt *Erzeugendensystem von M der Länge n*, wenn sich jedes Element aus M als Linearkombination der

Elemente aus S darstellen läßt. Ein Erzeugendensystem S von M heißt *minimal*, wenn jede echte Teilmenge von S kein Erzeugendensystem von M ist.

Aufgabe 49. (a) Sei K ein Körper und V ein K-Vektorraum. Dann gilt nach AGLA 3.2:

Je n Vektoren $v_1, \ldots, v_n \in V$ sind genau dann linear abhängig, wenn einer der Vektoren $v_1, \ldots, v_n$ eine Linearkombination der übrigen ist.

Man entscheide, wie weit dieser Satz richtig bleibt, wenn die Vektoren $v_1, \ldots, v_n \in V$ durch Elemente $m_1, \ldots, m_n \in M$ mit einem R-Modul M ersetzt werden.

(b) Man zeige, dass $\mathbb{Z} = \mathbb{Z}2 + \mathbb{Z}3$ gilt, und folgere daraus, dass $\mathbb{Z}$ als $\mathbb{Z}$-Modul minimale Erzeugendensysteme verschiedener Länge besitzt.

Aufgabe 50. Man zeige den Homomorphiesatz für R-Moduln, vgl. 10.4.

Körper

11 Grundbegriffe der Körpertheorie

Lernziel.
Fertigkeiten: In gewissen Fällen Berechnung des Körpergrads und des Minimalpolynoms
Kenntnisse: Isomorphismus, Primkörper, Grad, Minimalpolynom, einfache Körpererweiterungen

11.1 Wiederholung der Definition eines Körpers

Definition. Ein *Körper* K ist eine Menge, die mit zwei Verknüpfungen (genannt Addition und Multiplikation),

$$K \times K \to K, \ (a,b) \mapsto a + b,$$
$$K \times K \to K, \ (a,b) \mapsto a \cdot b,$$

versehen ist so, dass K bezüglich Addition und $K^* := K \setminus \{0\}$ bezüglich Multiplikation abelsche Gruppen sind und das Distributivgesetz gilt:

$$(a+b)c = ac + bc \quad \text{für alle} \ a,b,c \in K.$$

- Insbesondere ist ein Körper ein kommutativer Ring (vgl. 6.1).

11.2 Teilkörper und Körpererweiterungen

Definition.

(1) Ein *Teilkörper* eines Körpers K ist ein Unterring von K, der ein Körper ist (vgl. 6.4 für die Definition eines Unterrings).

(2) Eine *Körpererweiterung* L *von* K ist ein Körper L, der K als Teilkörper enthält.

Beispiele.

- $\mathbb{Q}$ ist ein Teilkörper von $\mathbb{R}$ und von $\mathbb{C}$.
- $\mathbb{C}$ ist eine Körpererweiterung sowohl von $\mathbb{Q}$ als auch von $\mathbb{R}$.
- Der Durchschnitt von Teilkörpern von K ist ein Teilkörper von K.

11.3 Erzeugung und Adjunktion

Sei M eine Teilmenge eines Körpers L.

Definition. (1) Der *von M erzeugte Teilkörper* von L ist der Durchschnitt aller Teilkörper von L, die M enthalten.

(2) Ist K ein Teilkörper von L, so bezeichnet $K(M)$ den von $K \cup M$ erzeugten Teilkörper von L. Wir sagen, dass $K(M)$ aus K *durch Adjunktion von M* entstehe.

(3) Ist $M = \{x_1, \ldots, x_n\}$ eine endliche Menge, so heißt
$K(M) =: K(x_1, \ldots, x_n)$ *endlich erzeugt über K*.

Beispiel. $\mathbb{C} = \mathbb{R}(i)$ mit $i^2 = -1$.

11.4 Isomorphismen und K-Isomorphismen

Definition.

(1) Seien L und L' Körper. Eine bijektive Abbildung $\varphi\colon L \to L'$ heißt *Isomorphismus*, falls

$$\varphi(a+b) = \varphi(a) + \varphi(b) \quad \text{und} \quad \varphi(ab) = \varphi(a)\varphi(b)$$

für alle $a, b \in L$ gilt. (Es ist dann $\varphi(0) = 0$ und $\varphi(1) = 1$.)

(2) Seien L und L' Körpererweiterungen eines Körpers K. Dann heißt ein Isomorphismus $\varphi\colon L \to L'$ ein *K-Isomorphismus*, falls $\varphi(a) = a$ für alle $a \in K$ gilt.

(3) L und L' heißen *isomorph* (bzw. *K-isomorph*), wenn es einen Isomorphismus (bzw. K-Isomorphismus) $L \to L'$ gibt. Schreibweise: $L \simeq L'$ bzw. $L \underset{K}{\simeq} L'$.

Satz. *Sei $\varphi\colon L \to L'$ ein K-Isomorphismus, und sei $f \in K[X]$. Ist $x \in L$ eine Nullstelle von f, so ist $y = \varphi(x)$ ebenfalls eine Nullstelle von f.*

Beweis. Es ist $f = a_n X^n + \cdots + a_1 X + a_0$ mit $a_0, \ldots, a_n \in K$. Da x Nullstelle von f ist, folgt $f(x) = a_n x^n + \cdots + a_1 x + a_0 = 0$ und also

$$0 = \varphi(0) = \varphi(a_n x^n + \cdots + a_1 x + a_0) = a_n y^n + \cdots + a_1 y + a_0,$$

da φ ein K-Isomorphismus ist. Also ist y Nullstelle von f. □

11.5 Die Charakteristik eines Integritätsrings

Sei K ein Integritätsring. Dann induziert der Ringhomomorphismus

$$\varphi \colon \mathbb{Z} \to K, \; n \mapsto n \cdot 1,$$

einen Isomorphismus $\mathbb{Z}/\ker(\varphi) \xrightarrow{\sim} \operatorname{bild}(\varphi)$ nach Homomorphiesatz 7.7. Da K Integritätsring ist, ist auch $\mathbb{Z}/\ker(\varphi)$ Integritätsring, und daher ist $\ker(\varphi)$ Primideal in $\mathbb{Z}$, vgl. 7.4. Hieraus folgt $\ker(\varphi) = (0)$ oder (p) mit einer Primzahl p nach 8.5 (denn $\mathbb{Z}$ ist Hauptidealring nach 6.8). Die *Charakteristik von K* ist definiert als

$$\operatorname{char}(K) = \begin{cases} 0 & \text{falls } \ker(\varphi) = (0), \\ p > 0 & \text{falls } \ker(\varphi) = (p) \text{ mit einer Primzahl } p. \end{cases}$$

Beispiele. 1. Sei $\mathbb{F}_p = \mathbb{Z}/p\mathbb{Z}$. Dann gilt $\operatorname{char}(\mathbb{F}_p) = p$.

2. $\mathbb{Q}, \mathbb{R}, \mathbb{C}$ haben die Charakteristik 0.

11.6 Primkörper

Definition. Der *Primkörper eines Körpers K* ist definiert als Durchschnitt aller Teilkörper von K.

Satz. *Sei P der Primkörper eines Körpers K. Dann gelten:*

(i) $\operatorname{char}(K) = p > 0 \iff P \simeq \mathbb{F}_p$ *mit einer Primzahl p.*

(ii) $\operatorname{char}(K) = 0 \iff P \simeq \mathbb{Q}$.

Bis auf Isomorphie gibt es also nur die Primkörper $\mathbb{F}_p$ mit einer Primzahl p und $\mathbb{Q}$.

Beweis. Sei $\varphi \colon \mathbb{Z} \to K, \; n \mapsto n \cdot 1$. Dann ist $\varphi(n) = 1 + \cdots + 1$ mit n Summanden in P für alle $n \in \mathbb{N}$. Es folgt $\operatorname{bild}(\varphi) \subset P$.

„⇒" (i) Ist $\text{char}(K) = p > 0$, so ist $\text{kern}(\varphi) = p\mathbb{Z}$ mit einer Primzahl p und also ist $\mathbb{Z}/p\mathbb{Z} \simeq \text{bild}(\varphi)$ ein Körper nach 8.12. Es folgt $\text{bild}(\varphi) = P$, da P als Primkörper in jedem Teilkörper von K enthalten ist.

(ii) Ist $\text{char}(K) = 0$, so ist $\text{kern}(\varphi) = \{0\}$ und also $\text{bild}(\varphi) \simeq \mathbb{Z}$. Sei Q der Quotientenkörper von $\text{bild}(\varphi)$, wie in 6.10, 6.11 konstruiert. Dann ist $Q \simeq \mathbb{Q}$.
Man prüft leicht nach, dass $\varphi_0 \colon Q \to P$, $\frac{n}{m} \mapsto \varphi(n)\varphi(m)^{-1}$, ein wohldefinierter Ringhomomorphismus ist. Er ist nach Folgerung 6.9 injektiv ist. Es folgt $Q \simeq \text{bild}(\varphi_0) \subset P$. Und da $\text{bild}(\varphi_0)$ ein Körper ist, folgt $Q \simeq P$ nach Definition von P.

„⇐" Es ist $\text{char}(P) = \text{char}(K)$. Wegen $\text{char}(\mathbb{F}_p) = p$ und $\text{char}(\mathbb{Q}) = 0$ folgt die Behauptung.

□

11.7 Der Grad einer Körpererweiterung

Sei K ein Körper und L eine Körpererweiterung von K. Dann ist L insbesondere ein K-Vektorraum. Als Addition nimmt man die Addition in L und als Skalarmultiplikation λx mit $\lambda \in K$, $x \in L$ die Multiplikation in L.

Definition. Der *Grad von L über K* ist definiert als die Dimension von L als K-Vektorraum. Man schreibt: $\dim_K L = [L : K]$.

Beispiel. $[\mathbb{C} : \mathbb{R}] = 2$

Gradsatz.
Sind $K \subset L \subset M$ Körpererweiterungen, so gilt $[M : K] = [M : L] \cdot [L : K]$.
Beweis. Zu zeigen: $\dim_K M = (\dim_L M) \cdot (\dim_K L)$.
Sei $\{v_1, \ldots, v_n\}$ eine Basis von L über K, und $\{w_1, \ldots, w_m\}$ eine Basis von M über L. Zeige, dass die $m \cdot n$ Produkte $v_j \cdot w_i$ für $i = 1, \ldots, m$, $j = 1, \ldots, n$ eine Basis von M über K bilden.
Jedes $w \in M$ ist darstellbar als $w = \lambda_1 w_1 + \cdots + \lambda_m w_m$ mit $\lambda_1, \ldots, \lambda_m \in L$, und es ist $\lambda_i = \mu_{i1} v_1 + \cdots + \mu_{in} v_n$ mit $\mu_{i1}, \ldots, \mu_{in} \in K$ für $i = 1, \ldots, m$.
Es folgt $w = \sum_{i=1}^{m} \sum_{j=1}^{n} \mu_{ij} v_j w_i$, also bilden die $v_j w_i$ ein Erzeugendensystem von M über K. Ist $w = 0$, folgt $\sum_{j=1}^{n} \mu_{ij} v_j = 0$ für alle i, da $w_1, \ldots, w_m$ linear unabhängig über L sind. Es folgt $\mu_{ij} = 0$ für alle i, j, da $v_1, \ldots, v_n$ linear unabhängig über K sind. Die gleiche Argumentation geht durch, wenn M oder L oder beide unendlich-dimensional sind. Dann ist $[M : K]$ unendlich.

□

11.8 Algebraische und transzendente Elemente

Definition. Sei L eine Körpererweiterung eines Körpers K.
Ein Element $x \in L$ heißt *algebraisch über K*, falls x Nullstelle eines Polynoms $f \in K[X] \setminus \{0\}$ ist. Ist $x \in L$ nicht algebraisch über K, so heißt x *transzendent über K*. Mit Hilfe des *Einsetzungshomomorphismus*

$$\varphi_x \colon K[X] \to L, \ f = \sum a_i X^i \mapsto \sum a_i x^i =: f(x)$$

für $x \in L$ kann man die Definition auch so formulieren:
Es ist $x \in L$ algebraisch über K, wenn $\operatorname{kern}(\varphi_x) \neq (0)$ und *transzendent über K*, wenn $\operatorname{kern}(\varphi_x) = (0)$.

11.9 Das Minimalpolynom

Sei L eine Körpererweiterung eines Körpers K, und sei $x \in L$ algebraisch über K, also $(0) \neq \operatorname{kern}(\varphi_x)$. Da $K[X]$ ein Hauptidealring ist (vgl.9.6), folgt $\operatorname{kern}(\varphi_x) = (g)$ mit einem Polynom

$$g = a_n X^n + \cdots + a_1 X + a_0 \text{ und } a_n \neq 0.$$

Nach 8.6 ist g bis auf Assoziiertheit eindeutig bestimmt. Ist $0 \neq f \in (g)$, so gilt $\operatorname{grad}(f) \geqslant \operatorname{grad}(g)$ nach 6.13. Normiere g, d.h. setze $m_x := a_n^{-1} g$.
Dann ist m_x das eindeutig bestimmte, normierte Polynom aus $K[X] \setminus \{0\}$ kleinsten Grades, das x als Nullstelle hat. Man nennt m_x das *Minimalpolynom von x über K*. Es gelten:

(1) $\operatorname{kern}(\varphi_x) = (m_x)$

(2) m_x ist irreduzibel in $K[X]$ (denn $K[X]/(m_x) \underset{7.7}{\simeq} \operatorname{bild}(\varphi_x) \subset L$. Also ist (m_x) Primideal nach 7.4 und daher m_x irreduzibel nach 8.5.)

(3) Ist $f \in K[X]$ normiert und irreduzibel mit $f(x) = 0$, so ist $f = m_x$.

11.10 Satz über den Grad des Minimalpolynoms

Satz.
Sei $x \in L$ algebraisch über K, und sei n der Grad von $m_x \in K[X]$. Dann induziert der Einsetzungshomomorphismus $\varphi_x \colon K[X] \to L, \ f \mapsto f(x)$, einen Isomorphismus

$$K[X]/(m_x) \xrightarrow{\sim} K(x),$$

und $\{1, x, \ldots, x^{n-1}\}$ ist eine Basis von $K(x)$ als K-Vektorraum. Insbesondere gilt: $[K(x) : K] = \operatorname{grad}(m_x)$.

Beweis. Nach 11.9 ist $(m_x) = \text{kern}(\varphi_x)$, und m_x ist irreduzibel. Also ist $K[X]/(m_x) \simeq \text{bild}(\varphi_x)$ ein Körper nach 8.12. Da $x \in \text{bild}(\varphi_x) \subset K(x)$ und $K(x)$ nach 11.3 der kleinste Teilkörper von L ist, der K und x enthält, folgt $\text{bild}(\varphi_x) = K(x)$.

Sei $\lambda_0 \cdot 1 + \lambda_1 x + \cdots + \lambda_{n-1} x^{n-1} = 0$ mit $\lambda_0, \ldots, \lambda_{n-1} \in K$. Ist $\lambda_i \neq 0$ für ein i, so wähle i maximal mit $\lambda_i \neq 0$.

Dann ist $X^i + \cdots + \frac{\lambda_1}{\lambda_i} X + \frac{\lambda_0}{\lambda_i}$ normiert, hat x als Nullstelle und einen Grad $< n$ im Widerspruch zur Minimalität von $n = \text{grad}(m_x)$. Also sind $1, x, \ldots, x^{n-1}$ linear unabhängig. Ist $f(x) \in K(x)$, so ergibt Division mit Rest (vgl. 8.1), dass $f = q m_x + r$ mit $\text{grad}(r) < n$ in $K[X]$ gilt. Da $m_x(x) = 0$ ist, folgt $f(x) = r(x)$, also ist f eine Linearkombination von $1, x, \ldots, x^{n-1}$. □

11.11 Beispiele

(1) Es ist $X^2 + 1$ irreduzibel über $\mathbb{Q}$, also $\mathbb{Q}[X]/(X^2+1) \simeq \mathbb{Q}(i)$ und $\{1, i\}$ ist Basis von $\mathbb{Q}(i)$ über $\mathbb{Q}$ nach 11.10.

(2) Man bestimme den Grad $[L : \mathbb{Q}]$, wobei $L = \mathbb{Q}(\sqrt[3]{2}, \zeta)$ (und $\sqrt[3]{2} \in \mathbb{R}$) und ζ Nullstelle von $f = X^2 + X + 1$ in $\mathbb{C}$ ist.
Nach 9.8 und 9.10 sind $X^3 - 2$ und f irreduzibel in $\mathbb{Q}[X]$. Also folgt $[\mathbb{Q}(\sqrt[3]{2}) : \mathbb{Q}] = 3$ und $[\mathbb{Q}(\zeta) : \mathbb{Q}] = 2$ nach 11.10. Betrachte

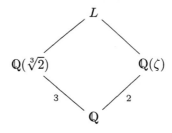

Es ist $[L : \mathbb{Q}(\sqrt[3]{2})] \leq 2$ und $[L : \mathbb{Q}(\zeta)] \leq 3$. Nach Gradsatz 11.7 folgt $[L : \mathbb{Q}] \leq 6$ sowie $3 \mid [L : \mathbb{Q}]$ und $2 \mid [L : \mathbb{Q}]$. Es folgt $[L : \mathbb{Q}] = 6$.
(Für $x = \sqrt[3]{2}$ gilt $\mathbb{Q}(\zeta x) \simeq \mathbb{Q}(x)$, da $\zeta^3 = 1$ und also $m_x = m_{\zeta x}$.)

(3) Man bestimme das Minimalpolynom m_x von $x = \sqrt{2 + \sqrt[3]{2}}$ über $\mathbb{Q}$.
Es ist $x^2 = 2 + \sqrt[3]{2}$, also $x^2 - 2 = \sqrt[3]{2}$. Dies ergibt $(x^2 - 2)^3 = 2$ und ausmultipliziert $x^6 - 6x^4 + 12x^2 - 8 = 2$. Es folgt:
$m_x = X^6 - 6X^4 + 12X^2 - 10$, denn dieses Polynom ist nach Eisenstein mit $p = 2$ irreduzibel in $\mathbb{Q}[X]$ und hat x als Nullstelle (vgl. 11.9).
Folgerung: $[\mathbb{Q}(x) : \mathbb{Q}] = 6$ nach 11.10.

11.12 Charakterisierung algebraischer Elemente

Satz.
Sei K ein Teilkörper eines Körpers L, und sei $x \in L$. Dann gilt:

$$\boxed{x \text{ algebraisch über } K} \iff \boxed{[K(x):K] < \infty}$$

Beweis. „$\Rightarrow$" Es ist $[K(x):K] = \mathrm{grad}(m_x)$ nach 11.10.

„$\Leftarrow$" Sei $\dim_K K(x) =: n < \infty$. Dann sind die $n+1$ Vektoren $1, x, \ldots, x^n$ linear abhängig, und es gibt $\lambda_0, \ldots, \lambda_n \in K$, die nicht alle Null sind, mit $\sum_{i=0}^{n} \lambda_i x^i = 0$. Es folgt $f := \sum_{i=0}^{n} \lambda_i X^i \neq 0$ und $f(x) = 0$. Also ist x algebraisch. □

11.13 Einfache Körpererweiterungen

Definition. Eine Körpererweiterung L von K heißt *einfach*, wenn sie von einem Element erzeugt wird, wenn also $L = K(u)$ mit einem $u \in L$ gilt.

1. Die einfachen algebraischen Körpererweiterungen sind durch 11.10 klassifiziert als $K(u) = \bigoplus_{i=0}^{n-1} Ku^i \simeq K[X]/(m_u)$, wobei $n = [K(u):K] = \mathrm{grad}(m_u)$ gilt.

2. Die einfachen transzendenten Körpererweiterungen sind durch den folgenden Satz charakterisiert.

Satz.
Sei $K(u)$ eine Körpererweiterung von K, wobei u transzendent über K sei. Dann gelten:

(1) $K(u) \simeq K(X)$, wobei $K(X)$ der Quotientenkörper von $K[X]$ sei.

(2) $[K(u):K] = \infty$

(3) u^2 ist transzendent, und es gilt $K(u^2) \subsetneq K(u)$

Beweis. **(1)** folgt aus der Definition eines transzendenten Elementes (vgl. 11.8). Danach gilt für den Einsetzungshomomorphismus

$$\varphi_u \colon K[X] \to K(u),$$

dass $\mathrm{kern}(\varphi_u) = (0)$ ist. Hieraus folgt, dass der Quotientenkörper $K(X)$ isomorph zum Quotientenkörper von $\mathrm{bild}(\varphi_u) = \left\{ \sum_{\text{endl.}} a_i u^i \,\middle|\, a_i \in K \right\}$ ist.
(2) folgt aus 11.12.

(3): Es sind $1, u, u^2, u^3, \ldots, u^m, \ldots$ linear unabhängig.
Sei $f = \sum_{i=0}^{n} a_i X^i \in K[X]$ mit $f(u^2) = \sum_{i=0}^{n} a_i u^{2i} = 0$. Dann ist $a_i = 0$ für alle i. Es folgt $f = 0$, und also ist u^2 transzendent über K. Es ist $K(u^2) \subset K(u)$. Angenommen, $u \in K(u^2)$. Wende (1) auf u^2 an. Dann folgt $u = \frac{f(u^2)}{g(u^2)}$ mit $f, g \in K[X]$ und $g(u^2) \neq 0$. In der Gleichung $ug(u^2) = f(u^2)$ stehen rechts Linearkombinationen mit geraden Potenzen und links mit ungeraden. Es folgt $f(u^2) = 0$ und also $u = 0$. Widerspruch. □

Fazit.
Bis auf Isomorphie gibt es nur eine einfache transzendente Körpererweiterung von K, nämlich $K(X)$; aber eine einfache transzendente Körpererweiterung $K(u)$ von K hat unendlich viele Zwischenkörper:

$$K(u) \supsetneq K(u^2) \supsetneq \cdots \supsetneq K(u^{2n}) \supsetneq \cdots \supsetneq K$$

Lernerfolgstest.
- Ist die Vereinigung von Teilkörpern ein Körper?
- Sei $K \subset L \subset M$ wie im Gradsatz, und sei $[M : K] = p$ mit einer Primzahl p. Zeigen Sie, dass $L = K$ oder $M = L$ gilt.
- Was ist der Grad von $\mathbb{Q}(\sqrt[5]{3})$ über $\mathbb{Q}$?
- Die Kreiszahl π ist transzendent über $\mathbb{Q}$. Ist $2\pi i$ transzendent oder algebraisch über $\mathbb{R}$?

11.14 Übungsaufgaben 51 – 54

Aufgabe 51. Sei P der Primkörper eines Körpers K. Man zeige, dass jeder Isomorphismus $\sigma \colon K \to K$ ein P-Isomorphismus ist. (Zu zeigen ist: $\sigma(a) = a$ für alle $a \in P$.)

Aufgabe 52. Sei L eine Körpererweiterung eines Körpers K, und sei V ein L-Vektorraum. Man zeige, dass V in natürlicher Weise ein K-Vektorraum ist und dass gilt:
$$\dim_K V = [L : K] \dim_L V.$$

Aufgabe 53. Seien p, q Primzahlen und $L = \mathbb{Q}(\sqrt{p}, \sqrt[3]{q})$. Man zeige, dass $[L : \mathbb{Q}] = 6$ ist und das $L = \mathbb{Q}(x)$ mit $x = \sqrt{p} \cdot \sqrt[3]{q}$ gilt. Man bestimme das Minimalpolynom von x über $\mathbb{Q}$.

Aufgabe 54. Man bestimme den Grad von $\mathbb{Q}(\sqrt{2}, i)$ über $\mathbb{Q}$ und das Minimalpolynom von $x = i + \sqrt{2}$ über $\mathbb{Q}$.

12 Algebraische Körpererweiterungen

Lernziel.
Fertigkeiten: In gewissen Fällen algebraische Elemente und mehrfache Nullstellen von Polynomen in Körpererweiterungen aufspüren
Kenntnisse: Begriff des Zerfällungskörpers eines Polynoms

12.1 Endliche und algebraische Körpererweiterungen

Definition. Sei K ein Körper, und sei L eine Körpererweiterung von K.

(1) L heißt *endlich über K*, falls $[L:K] := \dim_K L < \infty$ gilt.

(2) L heißt *algebraisch über K*, falls jedes Element aus L algebraisch über K ist, und andernfalls *transzendent über K*.

Satz.

1. *Jede endliche Körpererweiterung ist algebraisch.*

2. *Eine Körpererweiterung L von K ist genau dann endlich über K, wenn es endlich viele über K algebraische Elemente $x_1, \ldots, x_n \in L$ gibt mit $L = K(x_1, \ldots, x_n)$.*

3. *Eine Körpererweiterung L von K ist genau dann algebraisch über K, wenn L über K von algebraischen Elementen erzeugt wird.*

Beweis. **1.** Sei $[L:K] = n < \infty$, und sei $x \in L$. Dann ist $[K(x):K]$ nach dem Gradsatz in 11.7 ein Teiler von n und also $< \infty$. Mit 11.12 folgt, daß x algebraisch über K ist.
2. Ist L endlich über K, so erfüllt jede Basis $\{x_1, \ldots, x_n\}$ von L als K-Vektorraum die Behauptung. Wird umgekehrt L von n algebraischen Elementen erzeugt, so zeigen wir durch Induktion nach n, dass L endlich über K ist: Ist $L = K(x_1)$ und ist x_1 algebraisch über K, so folgt $[L:K] < \infty$ aus 11.12. Sei $L = K(x_1, \ldots, x_n)$ mit algebraischen $x_1, \ldots, x_n \in L$. Nach dem Gradsatz 11.7 gilt dann $[L:K] = \underbrace{[K(x_1, \ldots, x_{n-1})(x_n) : K(x_1, \ldots, x_{n-1})]}_{<\infty \text{ nach } 11.12} \cdot$

$\cdot \underbrace{[K(x_1, \ldots, x_{n-1}) : K]}_{<\infty \text{ nach Ind.vor.}} < \infty.$

3. Ist L algebraisch über K, folgt die Behauptung nach Definition (2), da $L = K(L)$ gilt. Ist umgekehrt $L = K((x_i)_{i \in I})$ mit algebraischen Elementen x_i und einer Indexmenge I, so ist L Vereinigung von Teilkörpern des Typs $K(x_{i_1}, \ldots, x_{i_n})$ mit $i_1, \ldots, i_n \in I$ und also nach 2. algebraisch. □

Die Umkehrung von Nr. 1 des Satzes ist i.a. falsch, vgl. Aufgabe 55.

12.2 Der algebraische Abschluss von K in L

Satz.
Sei L eine Körpererweiterung von K. Dann ist Menge $\overline{K}$ aller über K algebraischen Elemente aus L ein Teilkörper von L.

Beweis. Seien $x, y \in L$ algebraisch über K. Dann ist $K(x,y)$ ist algebraisch über K nach Satz 12.1. Also sind die Elemente $x+y$, xy, $-x$ und x^{-1} (mit $x \neq 0$) alle algebraisch über K, da sie in $K(x,y)$ liegen. □

Bemerkung.
Die Körpererweiterung $\overline{K}$ heißt *algebraischer Abschluss von K in L*. Man nennt $\overline{\mathbb{Q}} \subset \mathbb{C}$ den *Körper der algebraischen Zahlen*. Dieser wird in der algebraischen Zahlentheorie studiert. Es ist zum Beispiel $e^{\pi i/n} \in \overline{\mathbb{Q}}$, da $e^{\pi i/n}$ die Gleichung $X^{2n} = 1$ erfüllt und also algebraisch ist. Da $\cos\frac{\pi}{n} \in \mathbb{Q}(e^{\pi i/n})$ gilt, ist nach Satz 12.1 zum Beispiel auch $\cos\frac{\pi}{n} \in \overline{\mathbb{Q}}$ für jedes $n \in \mathbb{N}$.

12.3 Die Eigenschaft „algebraisch" ist transitiv

Satz.
Seien $K \subset L \subset M$ Körpererweiterungen. Ist L algebraisch über K, und ist $x \in M$ algebraisch über L, so ist x algebraisch über K.
Insbesondere sind äquivalent:

(i) *M über L algebraisch und L über K algebraisch*

(ii) *M ist algebraisch über K.*

Beweis. Sei L algebraisch über K und x algebraisch über L. Dann gibt es eine Gleichung $a_n x^n + \cdots + a_1 x + a_0 = 0$ mit $a_0, \ldots, a_n \in L$, und also ist x algebraisch über $K' = K(a_0, \ldots, a_n)$, woraus $[K'(x) : K'] < \infty$ nach 11.12 folgt. Es ist auch $[K' : K] < \infty$ nach 12.1, da L algebraisch über K. Nach Gradsatz 11.7 folgt $[K'(x) : K] = [K'(x) : K'][K' : K] < \infty$. Also ist x algebraisch über K nach Satz 12.1. Mit Definition 12.1 folgt auch die behauptete Äquivalenz. □

12.4 Existenz von Nullstellen in Körpererweiterungen

Satz. (L. KRONECKER 1821–1891)
Sei $p \in K[X]$ irreduzibel. Dann gibt es eine einfache Körpererweiterung $K(x) = L$ von K so, dass $p(x) = 0$ und $[L:K] = \operatorname{grad}(p)$ gilt.

12.5 Existenz eines Zerfällungskörpers

Beweis. Nach 8.12 ist $L := K[X]/(p)$ ein Körper, und der Homomorphismus $\psi \colon K \to L$, $a \mapsto a + (p)$, ist injektiv nach Folgerung 6.9. Wir können also K mit $\mathrm{bild}(\psi)$ identifizieren, und so wird L zu einer Körpererweiterung von K. Sei $x := X + (p)$ und $p = a_n X^n + \cdots + a_1 X + a_0$ mit $a_0, \ldots, a_n \in K$ und $a_n \neq 0$. Mit Satz 7.2 und Lemma 7.2 folgt

$$p(x) = \left(\sum_{i=0}^{n} a_i X^i\right) + (p) = p + (p) = 0 + (p)$$

und also $p(x) = 0$ in L. Da p irreduzibel ist, folgt $(p) = (m_x)$ und also $L \simeq K(x)$ nach 11.9, 11.10. Weiter folgt $\mathrm{grad}(p) = \mathrm{grad}(m_x) = [L : K]$. □

12.5 Existenz eines Zerfällungskörpers

Sei $f \in K[X]$ nicht konstant.

Definition.
Eine Körpererweiterung L von K heißt *Zerfällungskörper von f*, wenn es Elemente $x_1, \ldots, x_m \in L$ und $c \in K$ mit

1. $f = c(X - x_1) \cdots (X - x_m)$ („alle Nullstellen von f sind in L")

2. $L = K(x_1, \ldots, x_m)$ („L wird von den Nullstellen von f erzeugt")

Satz.
Ist $f \in K[X]$ von Grad $n > 0$, so besitzt f einen Zerfällungskörper L mit $[L : K] \leq n!$.

Beweis. Induktion nach n.
$n = 1$: Dann ist $f = cX + b$ mit $c, b \in K$, $c \neq 0$, und $L = K$ ist Zerfällungskörper von f mit $[L : K] = 1$.
$n > 1$: Es ist $f = q \cdot p$ mit irreduziblem $p \in K[X]$ (vgl. 8.9). Aus dem Satz von Kronecker 12.4 folgt, dass es einen Körper $L_1 = K(x_1)$ mit $p(x_1) = 0$, also auch mit $f(x_1) = 0$, und mit $[L_1 : K] = \mathrm{grad}(p) \leq n$ gibt. In $L_1[X]$ ist $f = (X - x_1)g$ mit $\mathrm{grad}(g) = n - 1$ nach 8.2. Nach Induktionsvoraussetzung besitzt g einen Zerfällungskörper $L = L_1(x_2, \ldots, x_m)$ mit $[L : L_1] \leq (n-1)!$. Es folgt $f = c(X - x_1)(X - x_2) \cdots (X - x_m)$, wobei $c \in K$ der Leitkoeffizient von f ist, und $[L : K] \underset{11.7}{=} \underbrace{[L : L_1]}_{\leq (n-1)!} \underbrace{[L_1 : K]}_{\leq n} \leq n(n-1)! = n!$ □

12.6 Differenziation und mehrfache Nullstellen

Definition. Sei $f = a_n X^n + \cdots + a_1 X + a_0 \in K[X]$. Bilde die *Ableitung*

$$f' := n a_n X^{n-1} + \cdots + 2 a_2 X + a_1$$

Regeln. *Für $f, g \in K[X]$ und $\lambda, \mu \in K$ gelten:*

(1) $(\lambda f + \mu g)' = \lambda f' + \mu g'$ *(„Linearität")*

(2) $(fg)' = f'g + fg'$ *(„Produktregel")*

Beweis. (1) folgt aus der Definition der Ableitung.

(2) Wegen (1) genügt es, den Fall $g = X^m$ zu betrachten. Es folgt

$$(fg)' = (fX^m)' = \left(\sum_i a_i X^{i+m}\right)' = \sum_i (i+m) a_i X^{i+m-1}$$
$$= \left(\sum_i i a_i X^{i-1}\right) X^m + \left(\sum_i a_i X^i\right) m X^{m-1}$$
$$= f'g + fg'$$

$\square$

Satz.
Seien $f \in K[X] \setminus \{0\}$ und L ein Zerfällungskörper von f.

(1) *Ein Element $x \in L$ ist genau dann mehrfache Nullstelle von f (d.h. $(X-x)^2 \mid f$ in $L[X]$), wenn x Nullstelle von f und f' ist.*

(2) *f hat genau dann eine mehrfache Nullstelle in L, wenn $\mathrm{ggT}(f, f')$ nicht konstant in $K[X]$ ist.*

Beweis. Sei x Nullstelle von f mit *Vielfachheit* m, also $f = (X-x)^m g$ mit $g \in L[X]$ und $g(x) \neq 0$ sowie $f' = m(X-x)^{m-1} g + (X-x)^m g'$ nach Produktregel. Es gilt also $(X-x) \mid \mathrm{ggT}(f, f')$ in $L[X]$ genau dann, wenn $m \geq 2$ ist. Damit ist (1) gezeigt.

Sei nun $x \in L$ eine mehrfache Nullstelle von f und daher auch eine Nullstelle von f' nach (1). Nach Satz 8.4 gibt es $r, s \in K[X]$ mit $rf + sf' = \mathrm{ggT}(f, f')$ in $K[X]$. Da dies aber auch eine Gleichung in $L[X]$ ist, stünde die Annahme $\mathrm{ggT}(f, f') \in K^*$ im Widerspruch dazu, dass $(X-x) \mid f$ und $(X-x) \mid f'$ in $L[X]$ gilt. Es ist also $\mathrm{ggT}(f, f')$ nicht konstant in $K[X]$. Sei umgekehrt dies vorausgesetzt. Dann besitzen f und f' eine gemeinsame Nullstelle y in L, und nach (1) ist y mehrfache Nullstelle von f. $\square$

Korollar. *Sei $f \in K[X]$ irreduzibel. Dann besitzt f genau dann eine mehrfache Nullstelle in L, wenn $f' = 0$ ist. Ist $\mathrm{char}(K) = 0$, so besitzt f keine mehrfache Nullstelle in L.*

Beweis. Wenn $f \mid f'$ gilt, folgt $f' = 0$ (da sonst $\mathrm{grad}(f') \geqslant \mathrm{grad}(f)$ gelten würde). Es folgt $f' = 0 \iff f \mid f' \iff \mathrm{ggT}(f,f') = f \underset{f \text{ irr}}{\iff} \mathrm{ggT}(f,f')$ nicht konstant $\underset{\text{Satz}}{\iff}$ f hat eine mehrfache Nullstelle in L.
Ist $\mathrm{char}(K) = 0$, so ist $f' \neq 0$. □

Lernerfolgstest.
- Was ist der Grad von $\mathbb{Q}(\sqrt[5]{3})$ über $\mathbb{Q}$?
- Was ist der Zerfällungskörper des Polynoms $X^2 + 1 \in \mathbb{Q}[X]$?
- Sei $\mathrm{char}(K) = p$ mit einer Primzahl p. Besitzt das Polynom $X^p - X$ mehrfache Nullstellen?

12.7 Übungsaufgaben 55 – 59

Aufgabe 55. Sei $a_n \in \mathbb{R}$ eine Nullstelle des Polynoms $X^n - 2 \in \mathbb{Q}[X]$, und sei $L = \mathbb{Q}(\{a_n \mid n \in \mathbb{N}\})$. Man zeige, dass L über $\mathbb{Q}$ algebraisch ist und dass $[L : \mathbb{Q}] = \infty$ gilt.

Aufgabe 56. (a) Man zeige für Körpererweiterungen $K \subset K' \subset L$ mit $[L : K] = [L : K'] < \infty$, dass $K' = K$ gilt.
Ist dies auch ohne die Voraussetzung $K \subset K'$ stets richtig?

Aufgabe 57. Sei L eine Körpererweiterung eines Körpers K von Primzahlgrad p. Man zeige:

(a) Es ist $L = K(x)$ für jedes $x \in L \setminus K$.

(b) Ist p ungerade, so gilt auch $L = K(x^2)$ für jedes $x \in L \setminus K$.

Aufgabe 58. Man bestimme einen Zerfällungskörper von $X^3 + 1 \in \mathbb{Q}[X]$.

Aufgabe 59. Man untersuche, ob die Polynome

$$X^5 + 5X + 5, \quad X^5 + 6X^3 + 3X + 4 \quad \text{und} \quad X^4 - 5X^3 + 6X^2 + 4X - 8$$

aus $\mathbb{Q}[X]$ mehrfache Nullstellen in $\mathbb{C}$ besitzen und bestimme dieselben gegebenenfalls.

13 Normale Körpererweiterungen

Lernziel.
Fertigkeiten: In gewissen Fällen primitive Elemente aufspüren
Kenntnisse: Eigenschaften von normalen Körpererweiterungen

13.1 Ein Fortsetzungslemma

Betrachte folgende Situation

$$\begin{array}{ccc} L & \xrightarrow{\sim}_{\psi} & \tilde{L} \\ | & & | \\ K & \xrightarrow{\sim}_{\varphi} & \tilde{K} \end{array}$$

Dabei seien L und $\tilde{L}$ Körpererweiterungen von K bzw. $\tilde{K}$ und φ ein Isomorphismus von Körpern.

Definition. Ein Isomorphismus $\psi\colon L \to \tilde{L}$ heißt *Fortsetzung von* φ, wenn $\psi(a) = \varphi(a)$ für alle $a \in K$ gilt. Man schreibt dann auch $\psi|_K = \varphi$.

Seien K und $\tilde{K}$ Körper, und sei $\varphi\colon K \to \tilde{K}$ ein Isomorphismus. Dann induziert φ einen Ringisomorphismus

$$\varphi_{\text{pol}}\colon K[X] \to \tilde{K}[X], \ f = \sum_i a_i X^i \mapsto \sum_i \varphi(a_i) X^i =: \tilde{f}$$

Lemma.
Seien $p \in K[X]$ irreduzibel, x Nullstelle von p in einer Körpererweiterung L von K und $\tilde{x}$ Nullstelle von $\tilde{p}$ in einer Körpererweiterung $\tilde{L}$ von $\tilde{K}$. Dann gibt es einen Isomorphismus

$$\boxed{\psi\colon K(x) \xrightarrow{\sim} \tilde{K}(\tilde{x}) \ \text{mit} \ \psi(x) = \tilde{x} \ \text{und} \ \psi(a) = \varphi(a) \ \text{für alle} \ a \in K}$$

Beweis. Der obige Ringisomorphismus φ_{pol} induziert einen Isomorphismus von Körpern

$$K[X]/(p) \xrightarrow{\bar{\varphi}} \tilde{K}[X]/(\tilde{p}),$$

und der gesuchte Isomorphismus ψ ergibt sich aus 11.10 als Hintereinanderausführung von Isomorphismen

$$K(x) \xrightarrow{\sim} K[X]/(p) \xrightarrow{\bar{\varphi}} \tilde{K}[X]/(\tilde{p}) \xrightarrow{\sim} \tilde{K}(\tilde{x})$$

□

Korollar.
Sei $p \in K[X]$ irreduzibel, und seien x, y Nullstellen von p in Körpererweiterungen von K. Dann gibt es einen K-Isomorphismus

$$\psi \colon K(x) \xrightarrow{\sim} K(y) \quad mit \quad \psi(x) = y.$$

Beweis. Wende das Lemma mit $\varphi = \mathrm{id}$ und $\tilde{x} = y$ an. □

13.2 Eindeutigkeit des Zerfällungskörpers

Satz.
Seien $\varphi \colon K \xrightarrow{\sim} \tilde{K}$ ein Isomorphismus von Körpern, $f \in K[X]$ nicht konstant und L bzw. $\tilde{L}$ Zerfällungskörper von f bzw. von $\varphi_{\mathrm{pol}}(f) = \tilde{f} \in \tilde{K}[X]$. Dann gibt es einen Isomorphismus

$$\psi \colon L \to \tilde{L} \quad mit \quad \psi(a) = \varphi(a) \quad für\ alle\ a \in K.$$

Beweis. Induktion nach dem Grad $[L : K]$ (dieser ist $< \infty$ nach 12.5).
Ist $[L : K] = 1$, so ist $L = K$ und $\tilde{L} = \tilde{K}$. Setze $\psi = \varphi$.
Sei $[L : K] > 1$.
Wähle einen irreduziblen Faktor p von f vom Grad > 1 und eine Nullstelle x von p in L. Es gilt $[L : K(x)] < [L : K]$ nach Gradsatz 11.7, da $\mathrm{grad}(p) = [K(x) : K] > 1$ ist (vgl. 11.10). Sei $\psi \colon K(x) \xrightarrow{\sim} \tilde{K}(\tilde{x})$ eine Fortsetzung von φ gemäß Lemma 13.1. Da L auch Zerfällungskörper von f über $K(x)$ und $\tilde{L}$ Zerfällungskörper von $\tilde{f}$ über $\tilde{K}(\tilde{x})$ ist, hat ψ nach Induktionsvoraussetzung eine Fortsetzung $\psi_1 \colon L \xrightarrow{\sim} \tilde{L}$, und es gilt $\psi_1(a) = \psi(a) = \varphi(a)$ für alle $a \in K$. □

Korollar.
Ein nicht konstantes Polynom $f \in K[X]$ besitzt bis auf K-Isomorphie genau einen Zerfällungskörper.

Beweis. Die Existenz wurde in 12.5 gezeigt. Die Eindeutigkeit folgt aus dem Satz für $\varphi = \mathrm{id}$. □

13.3 Endliche normale Körpererweiterungen

Definition. Eine algebraische Körpererweiterung L von K heißt *normal*, wenn jedes irreduzible Polynom aus $K[X]$, das in L eine Nullstelle hat, in $L[X]$ ganz in Linearfaktoren zerfällt.

Satz. *Eine endliche Körpererweiterung L von K ist genau dann normal über K, wenn L Zerfällungskörper eines Polynoms $f \in K[X]$ ist.*

Beweis. Da $[L:K] < \infty$ gilt, ist L algebraisch über K, vgl. 12.1.1.
Sei L normal über K, und sei $\{x_1, \ldots, x_n\}$ eine Basis von L als K-Vektorraum. Dann ist $L = K(x_1, \ldots, x_n)$, und jedes x_i ist Nullstelle seines Minimalpolynoms $m_i \in K[X]$. Da L normal über K ist, zerfällt also jedes m_i und daher auch $f := m_1 \cdots m_n$ in Linearfaktoren in $L[X]$.
Sei umgekehrt nun vorausgesetzt, dass L Zerfällungskörper eines Polynoms $f \in K[X]$ ist. Sei $p \in K[X]$ irreduzibel mit $p(x) = 0$ für ein $x \in L$. Zu zeigen: Jede weitere Nullstelle y von p liegt in L. Nach Korollar 13.1 gibt es einen K-Isomorphismus $\varphi \colon K(x) \xrightarrow{\sim} K(y)$ mit $\varphi(x) = y$. Es ist $L = L(x)$ Zerfällungskörper von f über $K(x)$, und $L(y)$ ist Zerfällungskörper von f über $K(y)$. Also gibt es nach 13.2 einen Isomorphismus $\psi \colon L \xrightarrow{\sim} L(y)$ mit $\psi(a) = \varphi(a)$ für alle $a \in K$. Es ist ψ also K-linear, und es folgt $\dim_K L = \dim_K L(y)$. Wegen $L \subset L(y)$ folgt $L = L(y)$ und also $y \in L$. $\square$

Beispiele. 1. Ist $[L:K] = 2$, so ist L normal über K.

2. $\mathbb{Q}(\sqrt[3]{2})$ ist nicht normal über $\mathbb{Q}$, aber $\mathbb{Q}(\sqrt[3]{2}, \zeta)$ enthält alle Nullstellen von $X^3 - 2$, ist also normal über $\mathbb{Q}$. (Es ist $\zeta^3 = 1$, vgl. 11.11(2))

13.4 Einbettung in eine normale Erweiterung

Satz.
Zu jeder endlichen Körpererweiterung K' von K gibt es eine endliche normale Körpererweiterung von K, die K' enthält.

Beweis. Wähle eine Basis $\{x_1, \ldots, x_r\}$ von K' als K-Vektorraum und setze $f = m_1 \cdots m_r$, wobei $m_i \in K[X]$ für $i = 1, \ldots, r$ das Minimalpolynom von x_i sei. Der Zerfällungskörper von f ist nach 13.3 normal, enthält K' und ist nach 12.5 endlich über K. $\square$

13.5 Der Satz vom primitiven Element

Definition. Ein über K algebraisches Element x heißt *separabel über K*, falls sein Minimalpolnom $m_x \in K[X]$ keine mehrfachen Nullstellen in einem Zerfällungskörper besitzt.

Satz.
Ist x separabel und y algebraisch über K, so besitzt $K(x, y)$ ein primitives Element, d.h. es gibt ein $u \in K(x, y)$ mit $K(x, y) = K(u)$.

Beweis. Ist $|K| < \infty$, so ist $|K(x, y)| < \infty$, da $K(x, y)$ endlich über K ist (d.h. endlich-dimensional als K-Vektorraum ist), vgl. 12.1.2. Aus Satz 14.2 unten folgt, dass die Gruppe $K(x, y)^*$ zyklisch ist. Daraus folgt die

13.5 Der Satz vom primitiven Element

Behauptung, falls K ein endlicher Körper ist.
Der Körper K besitze also unendlich viele Elemente. Sei m_x bzw. m_y das Minimalpolynom von x bzw. von y. Sei L eine Körpererweiterung von $K(x,y)$, in der alle Nullstellen $x, x_2, \ldots, x_k$ von m_x und alle Nullstellen $y = y_1, y_2, \ldots, y_n$ von m_y liegen. Es sind $x, x_2, \ldots, x_k$ paarweise verschieden, da x separabel ist. Da $|K| = \infty$ gilt, gibt es ein $c \in K$ mit

$$(1) \qquad c \neq \frac{y_j - y}{x - x_i} \quad \text{für alle } i = 2, \ldots, k,\ j = 1, \ldots, n$$

Sei $\boxed{u := cx + y}$. Dann gilt $K \subset K(u) \subset K(x,y)$, und wir brauchen nur noch $x \in K(u)$ zu zeigen. Denn dann folgt $y = u - cx \in K(u)$ und also $K(x,y) = K(u)$.

Es ist $m_y = \sum_{j=0}^{n} a_j X^j$ mit $a_j \in K$ und $a_n = 1$. Setze $h := \sum_{j=0}^{n} a_j (u - cX)^j$ in $K(u)[X]$ (mit denselben a_j wie in m_y). Dann gilt $h(x) = m_y(y) = 0$, also ist x Nullstelle von h in L. Wir zeigen nun, dass andererseits x_i für $i = 2, \ldots, k$ keine Nullstelle von h ist. Es ist $h(x_i) = m_y(u - cx_i)$ nach Definition von h. Wäre $h(x_i) = 0$, so würde $u - cx_i = y_j$ für ein $j \in \{1, \ldots, n\}$ folgen, und das ergäbe $u - cx_i = cx + y - cx_i = c(x - x_i) + y = y_j$ im Widerspruch zur Eigenschaft (1) von c.

Es folgt nun $\operatorname{ggT}(m_x, h) = (X - x)$ in $L[X]$, und wir müssen uns nur noch überlegen, dass $d := \operatorname{ggT}(m_x, h) = (X - x)$ in $K(u)[X]$ gilt, denn dann folgt $x \in K(u)$. Hierzu müssen wir nur ausschließen, dass d konstant in $K(u)[X]$ ist. Nach 8.4 gibt es r, s in $K(u)[X]$ so, dass $r m_x + s h = d$ in $K(u)[X]$ gilt. Da dies aber auch eine Gleichung in $L[X]$ ist, stünde die Annahme $d \in K(u)^*$ im Widerspruch dazu, dass $(X - x) \mid m_x$ und $(X - x) \mid h$ in $L[X]$ gilt. $\square$

Korollar.
Sind $x_1, \ldots, x_n$ separabel über K und ist y algebraisch über K, so gibt es ein $u \in K(x_1, \ldots, x_n, y)$ mit $K(u) = K(x_1, \ldots, x_n, y)$.

Beweis. Dies folgt durch Induktion aus dem obigen Satz vom primitiven Element. $\square$

Lernerfolgstest.
- Vergewissern Sie sich, dass in 13.1 tatsächlich $\psi(a) = \varphi(a)$ für alle $a \in K$ gilt.
- Wieso folgt aus $[L : K] = 1$, dass $L = K$ gilt?
- Wieso ist jede Körpererweiterung vom Grad 2 normal?
- Woraus folgt die Existenz von L im Beweis des Satzes vom primitiven Element?
- Führen Sie die Induktion zum Beweis des obigen Korollars durch.

13.6 Übungsaufgaben 60–64

Aufgabe 60. Seien $x = i\sqrt{5}$ und $y = (1+i)\sqrt[4]{5}$. Man zeige:

(a) $\mathbb{Q}(x)$ ist normal über $\mathbb{Q}$.

(b) $\mathbb{Q}(y)$ ist normal über $\mathbb{Q}(x)$.

(c) $\mathbb{Q}(y)$ ist nicht normal über $\mathbb{Q}$.

Aufgabe 61. Sei $L \subset \mathbb{C}$ ein Zerfällungskörper von $f = X^4 - 3 \in \mathbb{Q}[X]$.

(a) Man zeige, dass L über $\mathbb{Q}$ von i und einer Nullstelle x von f erzeugt wird.

(b) Man zeige, dass $[L : \mathbb{Q}] = 8$ gilt.

(c) Man bestimme drei Nullstellen x_1, x_2, x_3 von f so, dass $\mathbb{Q}(x_1, x_2)$ nicht isomorph zu $\mathbb{Q}(x_1, x_3)$ ist.

Aufgabe 62. Man bestimme den Grad des Zerfällungskörpers L über $\mathbb{Q}$ von $f = X^4 - 2x^2 + 2$.

Aufgabe 63.

(1) Für $a, b \in \mathbb{Q}^*$ mit $a \neq b$ zeige man, dass $z := \sqrt{a} + \sqrt{b}$ ein primitives Element von $\mathbb{Q}(\sqrt{a}, \sqrt{b})$ ist.

(2) Man bestimme ein primitives Element des Zerfällungskörpers von

$$X^3 - 2 \in \mathbb{Q}[X].$$

Aufgabe 64.
Man zerlege das Polynom $X^4 + 1 \in \mathbb{R}[X]$ in $\mathbb{C}[X]$ in Linearfaktoren.
(Gesucht ist eine Zerlegung $X^4 + 1 = (X - x_1)(X - x_2)(X - x_3)(X - x_4)$, bei der die Zahlen x_1, x_2, x_3, x_4 jeweils in der Form $a + bi$ mit $a, b \in \mathbb{R}$ zu schreiben sind.)

14 Endliche Körper

Lernziel.
Fertigkeiten: Konstruktion von Körpern mit $|K| = p^n$ für kleine p, n
Kenntnisse: Existenz- und Eindeutigkeitssatz mit Folgerungen

Bevor wir zum Studium der endlichen Körper kommen, werden wir noch einen nützlichen Satz aus der Gruppentheorie beweisen und mit dessen Hilfe für einen beliebigen Körper K zeigen, dass jede endliche Untergruppe von K^* zyklisch ist.

14.1 Satz über die Ordnung von Gruppenelementen

Die *Ordnung* $\operatorname{ord}(a)$ von $a \in G$ ist die kleinste natürliche Zahl n so, dass $a^n = e$ gilt (oder ∞, falls es ein solches n nicht gibt), vgl. Definition 2.4.

Lemma. *Seien G eine Gruppe, e das neutrale Element von G und $a \in G$. Ist $a^\ell = e$ mit einem $\ell \in \mathbb{N}$, so gilt $\operatorname{ord}(a) \mid \ell$.*

Beweis. Sei $m := \operatorname{ord}(a)$. Dann ist $\ell = qm + r$ mit $q, r \in \mathbb{Z}$ und $0 \leqslant r < m$. Es folgt $e = a^{mq+r} = a^{mq} a^r = e a^r = a^r$. Also ist $r = 0$, da $\operatorname{ord}(a) = m$ gilt und m daher minimal ist mit $a^m = e$. Es folgt $\ell = qm$. □

Satz.
Sei G eine Gruppe, und seien $a, b \in G$. Dann gilt

(1) $\boxed{\operatorname{ord}(a) = m} \Longrightarrow \boxed{\operatorname{ord}(a^k) = \dfrac{m}{\operatorname{ggT}(k, m)} \quad \text{für alle } k \in \mathbb{Z}}$

Ist G abelsch, so gelten für $m := \operatorname{ord}(a)$ und $n := \operatorname{ord}(b)$

(2) *Ist $\operatorname{ggT}(m, n) = 1$, so ist $\operatorname{ord}(ab) = mn$*

(3) *Es gibt ein $c \in G$ mit $\operatorname{ord}(c) = \operatorname{kgV}(m, n)$*

Beweis.
(1): Sei $d = \operatorname{ggT}(k, m)$. Dann ist $m = dm'$ und $k = dk'$ mit $\operatorname{ggT}(k', m') = 1$. Für $s := \operatorname{ord}(a^k)$ ist zu zeigen: $s = m'$. Es ist $(a^k)^{m'} = a^{m'dk'} = a^{mk} = e$, also $s \leqslant m'$.
Andererseits gilt $a^{ks} = (a^k)^s = e$ und also $m \mid ks$ nach dem Lemma. Es folgt $m' \mid k's$. Da $\operatorname{ggT}(k', m') = 1$ ist, folgt $m' \mid s$ und also $m' \leqslant s$.
(2): Sei $t := \operatorname{ord}(ab)$. Zu zeigen $t = mn$. Es ist $(ab)^{mn} = (a^m)^n (b^n)^m = e$, da G abelsch ist. Es folgt $t \leqslant mn$.
Andererseits ist $a^{nt} = a^{nt} e = a^{nt} b^{nt} = (ab)^{nt} = e$. Es folgt $m \mid nt$ nach dem Lemma. Und da $\operatorname{ggT}(m, n) = 1$ ist, folgt $m \mid t$. Analog erhalten wir, ausgehend von $b^{mt} = e$, dass $n \mid t$ gilt. Es folgt $mn \mid t$ und also $mn \leqslant t$.

(3): Wähle Primfaktorzerlegung $\text{kgV}(m,n) = p_1^{n_1} \cdot \ldots \cdot p_r^{n_r}$ in $\mathbb{N}$. Es sei m_0 das Produkt der Faktoren $p_i^{n_i}$, die m teilen, und n_0 das Produkt der Faktoren $p_i^{n_i}$, die m nicht teilen.
Dann folgt $\text{kgV}(m,n) = m_0 n_0$, wobei $\text{ggT}(m_0, n_0) = 1$, sowie $m_0 \mid m$ und $n_0 \mid n$, also $m = k\, m_0$ und $n = \ell\, n_0$.
Aus (1) ergibt sich dann $\text{ord}(a^k) = \frac{m}{\text{ggT}(k,m)} = m_0$ und analog $\text{ord}(b^\ell) = n_0$.
Aus (2) folgt nun $\text{ord}(a^k b^\ell) \underset{(2)}{=} m_0\, n_0 = \text{kgV}(m,n)$. $\square$

14.2 Endliche Untergruppen von K^* sind zyklisch

Satz.
Sei K ein Körper, und sei H eine endliche Untergruppe der multiplikativen Gruppe K^*. Dann ist H zyklisch.

Beweis. Sei $a \in H$ ein Element maximaler Ordnung m, und sei H_m die Menge aller Elemente $h \in H$, deren Ordnung m teilt. Dann gilt $|H_m| \leqslant m$, da jedes $h \in H_m$ Nullstelle des Polynoms $X^m - 1 \in K[X]$ ist und dieses nach Satz 8.2 höchstens m Nullstellen hat. Da $a \in H_m$ ist, gilt $m \leqslant |H_m|$. Also ist $|H_m| = m$, und H_m ist die von a erzeugte zyklische Untergruppe von H (vgl. 3.4). Wenn es ein $b \in H \setminus H_m$ gäbe, so gäbe es nach 14.1 auch ein $c \in H$ mit $\text{ord}(c) = \text{kgV}(\text{ord}(b), m) > m$ im Widerspruch zur Maximalität von m. Es folgt $H = H_m$. $\square$

Korollar. *Ist K ein endlicher Körper, so ist die Gruppe K^* zyklisch.*

14.3 Anzahl der Elemente eines endlichen Körpers

Definition. Ein *endlicher Körper* ist ein Körper mit endlich vielen Elementen. Ein solcher wird auch *Galoisfeld* genannt. Schreibweise: $K = \mathbb{F}_q$, wobei $q = |K|$ die Anzahl der Elemente des endlichen Körpers K ist.

Satz.
Sei K ein endlicher Körper. Dann ist $\text{char}(K) = p$ eine Primzahl, und es gilt $|K| = p^n$, wobei n der Grad von K über seinem Primkörper ist.

Beweis. Nach 11.6 gilt für den Primkörper P von L, dass $P \simeq \mathbb{Z}/p\mathbb{Z}$ mit einer Primzahl p oder $P \simeq \mathbb{Q}$ gilt. Da $|K| < \infty$ ist, kommt $\mathbb{Q}$ nicht in Frage, und also ist $\text{char}(K) = p$.
Sei $n = [K : P] := \dim_P K$ und sei $\{x_1, \ldots, x_n\}$ eine Basis von K als P-Vektorraum. Dann ist jedes $x \in K$ darstellbar als $x = \lambda_1 x_1 + \cdots + \lambda_n x_n$ mit eindeutig bestimmten $\lambda_1, \ldots, \lambda_n \in P$. Da $|P| = p$ gilt, sind für jeden Koeffizienten p Werte möglich. Es gibt daher p^n Linearkombinationen der Form $\lambda_1 x_1 + \cdots + \lambda_n x_n$, also gilt $|K| = p^n$. $\square$

14.4 Existenz und Eindeutigkeit eines Körpers mit p^n Elementen

Satz.
Sei p eine Primzahl, und sei $n \in \mathbb{N}$. Dann gibt es bis auf Isomorphie genau ein Galoisfeld K mit $q = p^n$ Elementen. Die Elemente von K sind die Nullstellen des Polynoms $X^q - X \in \mathbb{F}_p[X]$.

Beweis. Existenz: Sei $P = \mathbb{Z}/p\mathbb{Z}$, und sei K die Menge aller Nullstellen von $f = X^q - X \in P[X]$ in einem Zerfällungskörper L von f (vgl. 12.5). Dann ist K ein Körper, denn $0, 1 \in K$, und für $x, y \in K$ gilt $x^{p^n} = x$ und $y^{p^n} = y$ und also $(x+y)^{p^n} = x^{p^n} + y^{p^n} = x + y$, da $\operatorname{char}(K) = p$. Ferner gilt $(-x)^{p^n} = (-1)^{p^n} x^{p^n} = -x$ (und das auch dann, wenn p gerade, also $p = 2$, ist, da dann $-x = x$ gilt), sowie $\left(\frac{x}{y}\right)^{p^n} = \frac{x^{p^n}}{y^{p^n}} = \frac{x}{y}$, falls $y \neq 0$. Es folgt $K = L$.

Da $f = X^q - X$ höchstens q Nullstellen in K hat, gilt $|K| \leq q$. Es ist $f' = qX^{q-1} - 1 = -1$ (da $q \equiv 0 \mod p$), also ist $\operatorname{ggT}(f, f')$ konstant in $P[X]$. Daher hat f keine mehrfachen Nullstellen (vgl. Satz 12.6). Nach 8.2 zerfällt f daher in $K[X]$ in q verschiedene Linearfaktoren. Es folgt $|K| = q$.

Eindeutigkeit: Sei $\tilde{K}$ ein weiterer Körper mit $|\tilde{K}| = q$. Dann ist der Primkörper $\tilde{P}$ von $\tilde{K}$ isomorph zu P (vgl. 14.3 und 11.6).
Nach 14.2 ist $\tilde{K}^*$ zyklisch von der Ordnung $q - 1$. Also gilt $x^{q-1} = 1$ für alle $x \in \tilde{K}^*$ und damit $x^q = x$ für alle $x \in \tilde{K}$. Also sind K und $\tilde{K}$ beide Zerfällungskörper von $X^q - X$. Nach 13.2 folgt $\tilde{K} \simeq K$. □

Beispiel. $\mathbb{F}_4 \simeq \mathbb{F}_2[X]/(X^2 + X + 1)$. Eine Basis über $\mathbb{F}_2$ ist $\{1, x\}$, wobei x Nullstelle von $X^2 + X + 1$, vgl. 11.10.

14.5 Kleiner Satz von Fermat

Satz.
Sei p eine Primzahl, und sei $a \in \mathbb{Z}$ mit $a \not\equiv 0 \mod p$. Dann ist

$$a^{p-1} \equiv 1 \mod p.$$

Beweis. Wende 14.4 mit $K = \mathbb{Z}/p\mathbb{Z}$ an. Dann ist jede Restklasse $\bar{a} = a \mod p$ Nullstelle von $X^p - X$. Für $\bar{a} \neq \bar{0}$ gilt also $\bar{a}^{p-1} - \bar{1} = \bar{0}$. □

14.6 Satz von Wilson

Satz. *Für jede Primzahl p gilt: $(p-1)! \equiv -1 \bmod p$.*

Beweis. Nach 14.4 gilt:
$X^{p-1} - \bar{1} = (X - \bar{1})(X - \bar{2}) \cdots (X - \overline{(p-1)})$ in $\mathbb{Z}/p\mathbb{Z}[X]$.
Setzt man $X = \bar{p}$ ein, erhält man $\overline{-1} = \overline{(p-1)!}$. □

Lernerfolgstest.
- Sei $\{x_1, x_2\}$ eine Basis von $\mathbb{F}_9$ über $\mathbb{F}_3$. Schreiben Sie mit deren Hilfe alle Elemente von $\mathbb{F}_9$ hin.
- Ermitteln Sie den Zerfällungskörper von $X^q - X \in \mathbb{F}_2[X]$ für $q = 2^3$.

14.7 Übungsaufgaben 65 – 69

Aufgabe 65. Man stelle die Additions- und Multiplikationstafeln für $\mathbb{Z}/4\mathbb{Z}$ und für $\mathbb{F}_4$ auf und vergleiche sie.

Aufgabe 66.

(a) Man bestimme den Zerfällungskörper des Polynoms $X^6 + 1 \in \mathbb{F}_2[X]$.

(b) Man zerlege das Polynom $X^9 - X$ in $\mathbb{F}_3[X]$ in irreduzible Faktoren.

(c) Man zerlege das Polynom $X^4 + X + 1$ in $\mathbb{F}_4[X]$ in irreduzible Faktoren.

Aufgabe 67. Man ermittle die Ordnungen der folgenden Gruppen.

(a) Der Gruppe $\mathrm{GL}_2(\mathbb{F}_q)$ der invertierbaren 2×2-Matrizen über $\mathbb{F}_q$.

(b) Der Gruppe $\mathrm{SL}_2(\mathbb{F}_q)$ der 2×2-Matrizen über $\mathbb{F}_q$ mit Determinante 1.

(c) Des Zentrums von $\mathrm{SL}_2(\mathbb{F}_q)$.

Aufgabe 68. Sei K ein Körper, und sei $m \in K$. Man zeige:

(a) Die Matrizen der Form $\begin{pmatrix} a & b \\ mb & a \end{pmatrix}$ bilden einen kommutativen Unterring L_m von $\mathrm{M}_{2\times 2}(K)$.

(b) L_m ist genau dann ein Körper, wenn m kein Quadrat in K ist.

(c) Ist L_m ein Körper und $K = \mathbb{F}_p$ mit einer ungeraden Primzahl p, so gilt $L_m \simeq \mathbb{F}_{p^2}$.

Aufgabe 69. Man bestimme die Ordnungen der Gruppen $\mathrm{GL}_3(\mathbb{F}_2)$ und $\mathrm{SL}_3(\mathbb{F}_2)$.

Galoistheorie

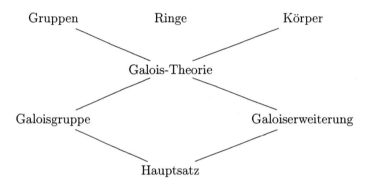

15 Galoiserweiterungen

Lernziel.
Fertigkeiten: In gewissen Fällen Bestimmung von Minimalpolynomen und Galoisgruppen
Kenntnisse: Galoisgruppe und Galoiserweiterung

15.1 Fixkörper

Definition.
Ein *Automorphismus eines Körpers* L ist ein Isomorphismus $L \xrightarrow{\sim} L$. Die Menge aller Automorphismen von L bildet bezüglich Hintereinanderausführung eine Gruppe $\mathrm{Aut}(L)$. Für jede Untergruppe G von $\mathrm{Aut}(L)$ ist die Menge

$$L^G := \{a \in L \mid \sigma(a) = a \text{ für alle } \sigma \in G\}$$

ein Teilkörper von L, genannt *Fixkörper von* G.

15.2 Wirkung einer endlichen Untergruppe von $\text{Aut}(L)$

Jede Untergruppe G von $\text{Aut}(L)$ operiert auf L durch

$$G \times L \to L, \ (\sigma, x) \mapsto \sigma(x).$$

Ist G endlich, so ist die Bahn

$$B(x) := \{\sigma(x) \mid \sigma \in G\}$$

endlich, und es gilt $|B(x)| \leq |G|$, zum Beispiel $B(a) = \{a\}$ für alle $a \in L^G$.

Satz.
Sei L ein Körper und G eine endliche Untergruppe von $\text{Aut}(L)$. Dann ist jedes $x \in L$ separabel über dem Fixkörper $K := L^G$.
Ist $B(x) = \{x_1, \ldots, x_r\}$ die Bahn von $x := x_1 \in L$, so ist $[K(x) : K] = r$, und das Minimalpolynom von x über K ist

$$m_x = (X - x_1) \cdot \ldots \cdot (X - x_r).$$

Insbesondere teilt der Grad $[K(x) : K]$ die Ordnung von G.

Beweis. Jedes $\tau \in G$ induziert einen Ringisomorphismus

$$\bar{\tau} \colon L[X] \to L[X], \ \sum_i y_i X^i \mapsto \sum_i \tau(y_i) X^i$$

Sei $f := (X - x_1) \cdots (X - x_r)$ in $L[X]$. Dann ist $\bar{\tau}(f) = f$ für alle $\tau \in G$, (denn es gilt $\tau(\sigma(x)) = (\tau\sigma)(x) \in B(x)$ für alle $\sigma, \tau \in G$ und also vertauscht $\bar{\tau}$ nur die Faktoren). Es ist also $f \in K[X]$, da $K = L^G$ gilt; und daher ist x als Nullstelle von f algebraisch über K. Sei $m_x \in K[X]$ das Minimalpolynom von x. Dann sind mit $x = x_1$ auch $x_2, \ldots, x_r$ Nullstellen von m_x nach Satz 11.4, da wegen $K = L^G$ jedes $\tau \in G$ ein K-Automorphismus ist. Es folgt $\text{grad}(f) \leq \text{grad}(m_x)$. Andererseits liegt f in dem von m_x erzeugten Hauptideal in $K[X]$ nach 11.9, woraus $m_x \mid f$ und $\text{grad}(f) \geq \text{grad}(m_x)$ folgt. Da f normiert ist, folgt nun $f = m_x$ und $r = \text{grad}(f) = \text{grad}(m_x) \underset{11.10}{=} [K(x) : K]$.
Nach der Bahnformel 2.2 ist die Bahnlänge r ein Teiler von $|G|$. Da die Nullstellen $x_1, \ldots, x_r$ von m_x paarweise verschieden sind, ist x separabel über K (vgl. Definition 13.5). $\square$

Der Satz liefert eine neue Methode zur Bestimmung des Minimalpolynoms. Der Vorteil ist, dass bei dieser Methode kein Nachprüfen von Irreduzibilität und keine Gradberechnungen erforderlich sind.

15.3 Beispiel

Sei $L = \mathbb{Q}(i, \sqrt{2}) \subset \mathbb{C}$, und sei $x = i + \sqrt{2}$. Man bestimme das Minimalpolynom $m_x \in \mathbb{Q}[X]$ von x.
Seien $\sigma, \tau \in \operatorname{Aut}(L)$ definiert durch $\sigma(a) = a$ und $\tau(a) = a$ für alle $a \in \mathbb{Q}$, sowie $\sigma(i) = -i$, $\sigma(\sqrt{2}) = \sqrt{2}$ und $\tau(i) = i$, $\tau(\sqrt{2}) = -\sqrt{2}$. Dann ist $G := \{\operatorname{id}, \sigma, \tau, \sigma\tau\}$ die Kleinsche Vierergruppe ($\sigma^2 = \operatorname{id} = \tau^2$ und $\sigma\tau = \tau\sigma$), und es ist $L = \mathbb{Q}^G$. Die Bahn von x ist

$$\{x_1 = i + \sqrt{2},\ x_2 = \underbrace{-i + \sqrt{2}}_{\sigma(x)},\ x_3 = \underbrace{i - \sqrt{2}}_{\tau(x)},\ x_4 = \underbrace{-i - \sqrt{2}}_{\sigma\tau(x)}\}$$

Nach 15.2 folgt $m_x = (X - x_1)(X - x_2)(X - x_3)(X - x_4) = X^4 - 2X^2 + 9$ (und $L = \mathbb{Q}(x)$). Dabei geschieht das Ausmultiplizieren wie folgt:

$$-(\text{Koeffizient von } X^3) = x_1 + x_2 + x_3 + x_4 = 0,$$
$$\text{Absolutglied} = \underbrace{x_1 x_2}_{3} \underbrace{x_3 x_4}_{3} = 9,$$
$$-(\text{Koeffizient von } X) = \underbrace{x_1 x_2 x_3}_{3x_3} + \underbrace{x_1 x_2 x_4}_{3x_4} + \underbrace{x_1 x_3 x_4}_{3x_1} + \underbrace{x_2 x_3 x_4}_{3x_2}$$
$$= -6\sqrt{2} + 6\sqrt{2} = 0,$$
$$\text{Koeffizient von } X^2 = x_1 x_2 + x_1 x_3 + x_1 x_4 + x_2 x_3 + x_2 x_4 + x_3 x_4$$
$$= 3 - 3 - (1 + 2i\sqrt{2}) - (1 - 2i\sqrt{2}) - 3 + 3 = -2.$$

15.4 Der Grad über dem Fixkörper

Satz.
Sei G eine endliche Gruppe von Automorphismen eines Körpers L, und sei $K := L^G$ ihr Fixkörper. Dann ist $[L : K] = |G|$.

Beweis. Nach 15.2 gilt $[K(x) : K] \leqslant |G|$ für jedes $x \in L$. Wähle $x \in L$ mit maximalem Grad $[K(x) : K]$. Zeige zunächst $L = K(x)$.
Sei $y \in L$ beliebig. Dann ist y separabel über K nach 15.2. Nach dem Satz vom primitiven Element 13.5 ist $K(x, y) = K(u)$ mit einem $u \in L$. Nach Wahl von x folgt $[K(u) : K] \leqslant [K(x) : K]$ und also $K(x) = K(u)$, da $K(x) \subset K(u)$ ist. Dies ergibt $y \in K(x)$ (für jedes $y \in L$). Es folgt $L = K(x)$.
Sei B die Bahn von x unter G. Dann ist $|B| \cdot |\operatorname{Stab}(x)| = |G|$ nach Bahnformel 2.2. Sei $\sigma \in \operatorname{Stab}(x)$, also $\sigma(x) = x$. Dann folgt $\sigma(y) = y$ für alle $y \in L$, da $K := L^G$ und $y = \lambda_0 + \lambda_1 x + \cdots + \lambda_{n-1} x^{n-1}$ mit $\lambda_0, \ldots, \lambda_{n-1} \in K$ nach 11.10 gilt. Also ist $\operatorname{Stab}(x) = \{\operatorname{id}\}$ und $[L : K] \underset{15.2}{=} |B| = |G|$. $\square$

15.5 Die Galoisgruppe einer Körpererweiterung

Definition.
Sei L eine Körpererweiterung eines Körpers K. Dann heißt die Gruppe

$$G(L/K) := \operatorname{Aut}_K L := \{\sigma \in \operatorname{Aut}(L) \mid \sigma(a) = a \text{ für alle } a \in K\}$$

die *Galoisgruppe von L über K*.

Satz.
Ist L Zerfällungskörper eines Polynoms $f \in K[X]$ und ist $M = \{x_1, \ldots, x_r\}$ die Menge der verschiedenen Nullstellen von f, so operiert $G := G(L/K)$ auf M vermöge $G \times M \to M$, $(\sigma, y) \mapsto \sigma(y)$, und der dadurch induzierte Gruppenhomomorphismus

$$G \longrightarrow S(M) := \{M \xrightarrow{bij.} M\} \simeq S_r, \quad \sigma \mapsto \sigma|_M,$$

ist injektiv (d.h. die Operation ist treu).

Beweis. Ist $x \in M$, so ist auch $\sigma(x) \in M$ nach Satz 11.4. Also operiert G auf M. Ist $\sigma|_M = \mathrm{id}$, so ist $\sigma(x_j) = x_j$ für alle $j = 1, \ldots, r$. Da auch $\sigma(a) = a$ für alle $a \in K$ gilt und $L = K(x_1, \ldots, x_r)$ ist, folgt $\sigma = \mathrm{id}$. □

Beispiel. $G(\mathbb{C}/\mathbb{R}) = \{\mathrm{id}, \sigma\}$ mit $\sigma(i) = -i$ und also $\sigma(-i) = i$. Es ist $f = X^2 + 1$ und $M = \{i, -i\}$ die Menge der Nullstellen von f.

15.6 Satz über die Ordnung der Galoisgruppe

Satz.
Sei L endlich über K. Dann ist die Galoisgruppe $G := G(L/K)$ endlich, und es ist $|G|$ ein Teiler von $[L:K] := \dim_K L$. Ferner gilt:

$$\boxed{|G| = [L:K]} \iff \boxed{L^G = K}$$

Beweis. Nach Definition 15.1 ist $L^G := \{a \in L \mid \sigma(a) = a \text{ für alle } \sigma \in G\}$. Es folgt $K \subset L^G \subset L$ und also $[L:K] = [L:L^G][L^G:K] = |G| \cdot [L^G:K]$ nach Gradsatz 11.7 und nach 15.4, wenn $|G| < \infty$. Hieraus folgt die zweite Behauptung und die Äquivalenz.

Noch zu zeigen: G ist endlich. Da $\dim_K L < \infty$ ist, ist L algebraisch über K nach 12.1. Seien $\{x_1, \ldots, x_r\}$ eine Basis von L als K-Vektorraum, $f = m_{x_1} \cdots m_{x_r} \in K[X]$ das Produkt ihrer Minimalpolynome und $\overline{L}$ ein Zerfällungskörper von f. Dann ist $L \subset \overline{L}$, und jedes $\sigma \in G$ hat nach 13.2 eine Fortsetzung zu einem $\bar{\sigma} \in G(\overline{L}/K)$. Es folgt $|G| \leq |G(\overline{L}/K)| \underset{12.5}{<} \infty$. □

15.7 Definition einer Galoiserweiterung

Definition. Sei L eine endliche Körpererweiterung eines Körpers K, und sei $G := G(L/K)$ die Galoisgruppe von L über K. Dann ist $|G|$ ein Teiler von $[L : K]$ nach 15.6, und L heißt *Galoiserweiterung von K* oder *galoissch über K*, falls $|G| = [L : K]$ gilt.

Beispiel. $\mathbb{C}$ ist galoissch über $\mathbb{R}$, denn $|G(\mathbb{C}/\mathbb{R})| = 2$ nach 15.5, und es ist $[\mathbb{C} : \mathbb{R}] = 2$, da $\{1, i\}$ eine Basis von $\mathbb{C}$ als $\mathbb{R}$-Vektorraum ist.

15.8 Charakterisierung von Galoiserweiterungen

Definition. Eine Körpererweiterung L von K heißt *separabel*, wenn jedes Element aus L separabel über K ist (vgl. 13.5).
Ein Polynom $f \in K[X]$ heißt *separabel*, wenn jeder irreduzible Faktor von f keine mehrfachen Nullstellen im Zerfällungskörper von f besitzt.

Satz.
Für eine endliche Körpererweiterung L eines Körpers K sind äquivalent:

(1) L ist galoissch über K.

(2) $L^{G(L/K)} = K$.

(3) L ist normal und separabel.

(4) L ist Zerfällungskörper eines separablen Polynoms aus $K[X]$.

Beweis. (1) $\Leftrightarrow$ (2) wurde in 15.6 gezeigt.

(2) $\Rightarrow$ (3) Nach 15.2 ist jedes $x \in L$ separabel über $L^{G(L/K)} = K$. Also ist L separabel über K. Sei $p \in K[X]$ irreduzibel, und sei $x \in L$ eine Nullstelle von p. Dann ist $p = c m_x$ mit einem $c \in K^*$ nach 11.9. Aus 15.2 folgt nun, dass p in Linearfaktoren in $L[X]$ zerfällt. Also ist L normal nach 13.3.

(3) $\Rightarrow$ (4) Da L über K normal ist, ist L Zerfällungskörper eines Polynoms $f \in K[X]$ nach 13.3. Da L separabel über K ist, ist f separabel (denn jeder normierte irreduzible Faktor von f ist Minimalpolynom aller seiner Nullstellen).

(4) $\Rightarrow$ (2) Sei $G := G(L/K)$, und sei L Zerfällungskörper eines separablen Polynoms $f \in K[X]$. Es gilt $K \subset L^G \subset L$.
Zeige: $L^G \subset K$ durch Induktion nach der Anzahl n der nicht in K liegenden Nullstellen von f. Ist $n = 0$, so ist $K = L^G = L$.

Sei nun $x \in L \setminus K$ eine Nullstelle von f. Das Minimalpolynom m_x ist ein irreduzibler Faktor von f, hat also lauter verschiedene Nullstellen $x, x_2, \ldots, x_r \in L$. Es folgt $r = \mathrm{grad}(m_x) = [K(x) : K] > 1$ nach 11.10. Nach Korollar 13.1 gibt es zu jedem $i = 2, \ldots, r$ einen K-Isomorphismus $\psi_i \colon K(x) \to K(x_i)$ mit $\psi_i(x) = x_i$, und nach 13.2 gibt es dazu jeweils ein $\sigma_i \in G$ mit $\sigma_i(x) = x_i$. Es ist $G(L/K(x)) \subset G$, also $L^G \subset L^{G(L/K(x))} \subset K(x)$ nach Induktionsvoraussetzung (denn betrachtet man f als Polynom in $K(x)[X]$, so bleibt f separabel und L ist Zerfällungskörper von f).

Sei nun $y \in L^G$. Zu zeigen: $y \in K$. Es ist $y = \lambda_0 + \lambda_1 x + \cdots + \lambda_{r-1} x^{r-1}$ mit $\lambda_0, \ldots, \lambda_{r-1} \in K$ nach 11.10, da $y \in L^G \subset K(x)$ ist. Es folgt $y = \sigma_2(y) = \lambda_0 + \lambda_1 x_2 + \cdots + \lambda_{r-1} x_2^{r-1}, \ldots,$
$y = \sigma_r(y) = \lambda_0 + \lambda_1 x_r + \cdots + \lambda_{r-1} x_r^{r-1}$.
Also hat $h := y - \lambda_0 + \lambda_1 X + \cdots + \lambda_{r-1} X^{r-1} \in L^G[X]$ die r verschiedenen Nullstellen $x, x_2, \ldots, x_r$ und ist vom Grad $< r$. Es folgt $h = 0$, also $y - \lambda_0 = 0$ und $\lambda_i = 0$ für $i = 1, \ldots, r-1$. Dies ergibt $y = \lambda_0 \in K$.

$\square$

15.9 Einbettung in eine Galoiserweiterung

Satz. *Jede endliche separable Körpererweiterung von K lässt sich in eine Galoiserweiterung von K einbetten.*

Beweis. Sei L endlich-separabel über K. Dann ist $L = K(u)$ mit einem separablen $u \in L$ (vgl. Korollar 13.5), und nach 15.8 ist der Zerfällungskörper des Minimalpolynoms m_u galoissch über K. $\square$

Lernerfolgstest.
- Sei $L = \mathbb{Q}(\sqrt{2}, \sqrt{3})$. Bestimmen Sie das Minimalpolynom m_x in $\mathbb{Q}[X]$ von $x := \sqrt{2} + \sqrt{3}$ mit der in 15.3 benutzten Methode.
- Verifizieren Sie, dass im Beweis in 15.5 tatsächlich $\sigma = \mathrm{id}$ folgt.
- Jedes $x \in K$ ist Nullstelle eines irreduziblen Polynoms $p \in K[X]$. Wie sieht p aus?

15.10 Übungsaufgaben 70 – 71

Aufgabe 70. Man bestimme die Galoisgruppe $G(L/\mathbb{Q})$ für
$$L = \mathbb{Q}(\sqrt{2}, \sqrt{3}, \sqrt{5}) \text{ und } L = \mathbb{Q}(\sqrt[3]{2}).$$

Aufgabe 71. Für $a \in \mathbb{Q}$ sei L_a der Zerfällungskörper des Polynoms $X^3 - a$. Man bestimme die Galoisgruppe $G(L_a/\mathbb{Q})$ in Abhängigkeit von a.

16 Hauptsatz der Galoistheorie

Lernziel.
Fertigkeiten: In gewissen Fällen Schlüsse aus dem Hauptsatz ziehen
Kenntnisse: Hauptsatz mit Anwendungen für zyklische Erweiterungen und endliche Körper

16.1 Hauptsatz

Definition. Sei K ein Körper, und sei L eine endliche Körpererweiterung von K. Ein *Zwischenkörper* Z ist ein Teilkörper von L mit $K \subset Z \subset L$.

Wenn L galoissch über K ist, liefert der Hauptsatz eine Übersicht über alle Zwischenkörper: Diese entsprechen eineindeutig den Untergruppen der Galoisgruppe $G(L/K) := \mathrm{Aut}_K L$.

Hauptsatz.
Sei L eine Galoiserweiterung eines Körpers K, und sei $G := G(L/K)$ die Galoisgruppe von L über K. Dann ist L galoissch über jedem Zwischenkörper, und man hat eine Bijektion von Mengen

$$\{Zwischenkörper\} \xrightarrow{\sim} \{Untergruppen\ von\ G\},$$
$$Z \longmapsto G(L/Z) = \{\sigma \in \mathrm{Aut}(L) \mid \sigma(z) = z\ \text{für alle}\ z \in Z\}$$

mit Umkehrabbildung

$$\{Untergruppen\ von\ G\} \xrightarrow{\sim} \{Zwischenkörper\},$$
$$H \longmapsto L^H := \{z \in L \mid \sigma(z) = z\ \text{für alle}\ \sigma \in H\}$$

Dabei gelten

(1) $[Z : K] = \dfrac{|G|}{|G(L/Z)|}$

(2) $Z \subset Z' \Longrightarrow G(L/Z') \subset G(L/Z)$ und $H \subset H' \Longrightarrow L^{H'} \subset L^H$.

Beweis. Da L galoissch über K ist, ist L Zerfällungskörper eines separablen Polynoms aus $K[X] \subset Z[X]$. Also ist L Zerfällungskörper eines separablen Polynoms aus $Z[X]$, und daher ist L galoissch über Z (vgl. 15.8). Zeige nun, dass die Abbildungen $Z \xmapsto{\varphi} G(L/Z)$ und $H \xmapsto{\psi} L^H$ invers zueinander sind. Es ist $\psi(\varphi(Z)) = L^{G(L/Z)} = Z$ nach 15.8.2, da L galoissch über Z. Weiter gilt $\varphi(\psi(H)) = G(L/L^H) = H$, denn es ist $H \subset G(L/L^H)$, und da L galoissch über L^H ist, gilt $|H| = [L : L^H] = |G(L/L^H)|$ nach 15.4 und 15.7. Es ist $|G| \underset{15.7}{=} [L : K] \underset{11.7}{=} [L : Z][Z : K] \underset{15.7}{=} |G(L/Z)| \cdot [Z : K]$. Hieraus folgt (1), und (2) ist klar nach Definition. $\square$

16.2 Beispiel

Sei $L = \mathbb{Q}(\sqrt[3]{2}, \zeta)$ mit $\zeta^2 + \zeta + 1 = 0$ und $\zeta^3 = 1$. Dann ist $[L : \mathbb{Q}] = 6$ nach 11.11, und L ist Zerfällungskörper von $f = X^3 - 2 \in \mathbb{Q}[X]$, denn

$$X^3 - 2 = (X - \sqrt[3]{2}) \cdot (X - \zeta\sqrt[3]{2}) \cdot (X - \zeta^2 \sqrt[3]{2}).$$

Also ist L galoissch über $\mathbb{Q}$ nach 15.8, und es folgt $|G(L/\mathbb{Q})| = 6$ nach Definition 15.7. Dies ergibt $G(L/K) \simeq S_3$ nach 15.5. Betrachte

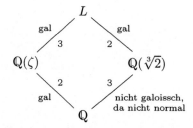

Setze $\sigma(\sqrt[3]{2}) = \zeta\sqrt[3]{2}$ und $\sigma(\zeta) = \zeta$. Dann ist $\sigma^2(\sqrt[3]{2}) = \zeta^2 \sqrt[3]{2}$ und $\sigma^3 = \text{id}$. Es folgt $G(L/\mathbb{Q}(\zeta)) = \{\text{id}, \sigma, \sigma^2\}$.

16.3 Wann ist ein Zwischenkörper galoissch über K?

Seien $K \subset Z \subset L$ endliche Körpererweiterungen, wobei L galoissch über K sei. Dann ist L galoissch über Z nach 16.1, aber Z ist im Allgemeinen nicht galoissch über K. Sei $G := G(L/K)$ die Galoisgruppe von L über K.

Lemma. *Für jedes $\sigma \in G$ ist $\sigma(Z) := \{\sigma(z) \mid z \in Z\}$ ein Zwischenkörper, und es gilt $G(L/\sigma(Z)) = \sigma G(L/Z)\sigma^{-1}$ für alle $\sigma \in G$.*

Beweis. Für $\sigma, \tau \in G$ gilt

$$\tau \in G(L/\sigma(Z)) \iff \tau(\sigma(z)) = \sigma(z) \,\forall z \in Z$$
$$\iff \sigma^{-1} \circ \tau \circ \sigma \in G(L/Z)$$
$$\iff \tau \in \sigma G(L/Z)\sigma^{-1}$$

□

Satz. *Äquivalent sind*

(a) *Z ist galoissch über K.*

(b) *$\sigma(Z) = Z$ für alle $\sigma \in G$.*

(c) *$G(L/Z)$ ist Normalteiler in G.*

Ferner gilt: Ist (b) erfüllt, so gibt es einen Gruppenhomomorphismus

$$G \to G(Z/K), \ \sigma \mapsto \sigma|_Z,$$

und dieser induziert einen Isomorphismus $G/G(L/Z) \simeq G(Z/K)$.

Beweis. „(b)⇔(c)": Nach 16.1 und dem Lemma gilt: $\sigma(Z) = Z$ für alle $\sigma \in G \iff G(L/\sigma(Z)) = G(L/Z)$ für alle $\sigma \in G \iff G(L/Z) \triangleleft G$.

„(a)⇒(b)": Sei Z galoissch über K. Dann ist Z Zerfällungskörper eines separablen Polynoms $f \in K[X]$ nach 15.8. Also ist $Z = K(M)$, wobei M die Menge der Nullstellen von f ist (vgl. Definition 12.5). Ist $x \in M$, so ist $\sigma(x) \in M$ für alle $\sigma \in G$ nach Satz 11.4. Also ist $\sigma(Z) \subset Z$ für alle $\sigma \in G$ und daher auch $Z \subset \sigma^{-1}(Z)$ für alle $\sigma \in G$. Es folgt (b).

„(b)⇒(a)": Sei $\sigma(Z) = Z$ für alle $\sigma \in G$. Dann gibt es einen Homomorphismus $\varphi \colon G \to G(Z/K)$, $\sigma \mapsto \sigma|_Z$, mit $\mathrm{kern}(\varphi) = G(L/Z)$. Es folgt $[Z:K] \underset{16.1}{=} \frac{|G|}{|G(L/Z)|} \underset{1.3}{=} |\mathrm{bild}(\varphi)| \leqslant |G(Z/K)|$. Da $|G(Z/K)| \leqslant [Z:K]$ nach 15.6 gilt, folgt $|G(Z/K)| = [Z:K]$ und damit (a) nach Definition 15.7. Es folgt nun auch, dass φ surjektiv ist, und der Homomorphiesatz 1.3 ergibt die obige Behauptung. □

16.4 Beispiel

Sei $L = \mathbb{Q}(x, \zeta)$ mit $x = \sqrt[3]{2} \in \mathbb{R}$ und einer dritten Einheitswurzel $\zeta \in \mathbb{C} \backslash \mathbb{R}$, also $\zeta^2 + \zeta + 1 = 0$ und $\zeta^3 = 1$ wie in 16.2.
Es ist $G(L/\mathbb{Q}) = \{\mathrm{id}, \sigma, \sigma^2, \tau, \sigma\tau, \sigma^2\tau\}$, wobei $\sigma(x) = \zeta x$, $\sigma(\zeta) = \zeta$ und $\tau(x) = x$ und $\tau(\zeta) = \zeta^2$. Man erhält die Zwischenkörper

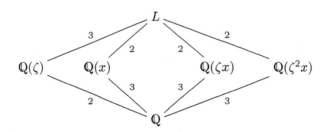

Es ist $\mathbb{Q}(\zeta)$ galoissch über $\mathbb{Q}$, denn $X^2 + X + 1 = (X - \zeta)(X - \zeta^2)$, (vgl. 15.8). Aber die drei anderen echten Zwischenkörper sind nicht galoissch über $\mathbb{Q}$, da sie nicht normal über $\mathbb{Q}$ sind.
Sie erfüllen 16.3(b) nicht, denn $\sigma(\mathbb{Q}(x)) = \mathbb{Q}(\zeta x) \neq \mathbb{Q}(x) \subset \mathbb{R}$ Es ist $\sigma(\zeta^2 x) = \zeta^2 \zeta x = x$ und $\sigma\tau(\zeta x) = x$, also $\sigma(\mathbb{Q}(\zeta^2 x)) = \mathbb{Q}(x) \neq \mathbb{Q}(\zeta^2 x)$ und $\sigma\tau(\mathbb{Q}(\zeta x)) = \mathbb{Q}(x) \neq \mathbb{Q}(\zeta x)$.

Sie erfüllen 16.3(c) nicht, weil die Galois-Gruppe $G(L/Z)$ für $Z = \mathbb{Q}(\zeta^i x)$ mit $i \in \{0, 1, 2\}$ jeweils eine 2-Sylowgruppe in G ist und also G drei 2-Sylowgruppen besitzt. Daher ist $G(L/Z)$ kein Normalteiler in G nach 2.9.

16.5 Abelsche und zyklische Erweiterungen

Definition. Sei L eine endliche Körpererweiterung eines Körpers K. Dann heißt L *abelsch*, wenn L galoissch über K ist und die Galoisgruppe $G(L/K)$ abelsch ist, und L heißt *zyklisch*, wenn L galoissch über K ist und die Galoisgruppe $G(L/K)$ zyklisch ist.

Beispiele. 1) Ist $L = \mathbb{Q}(\sqrt[3]{2}, \zeta)$ wie in 16.2, 16.4, so ist $G(L/\mathbb{Q}) \simeq S_3$, und also L nicht abelsch (und erst recht nicht zyklisch). Aber L ist zyklisch über $\mathbb{Q}(\zeta)$, da $G(L/\mathbb{Q}(\zeta)) \simeq \mathbb{Z}/3\mathbb{Z}$ nach 16.2.

2) Sei $L = \mathbb{Q}(i, \sqrt{2})$ wie in 15.3. Dann ist L abelsch, aber nicht zyklisch über $\mathbb{Q}$, da $G(L/\mathbb{Q}) \simeq \mathbb{Z}/2\mathbb{Z} \times \mathbb{Z}/2\mathbb{Z}$.

3) Ist L eine Körpererweiterung vom Grad 2 über $\mathbb{Q}$, so ist L zyklisch, da $G(L/\mathbb{Q}) \simeq \mathbb{Z}/2\mathbb{Z}$.

Der Hauptsatz der Galoistheorie lässt sich gut auf zyklische Körpererweiterungen anwenden, da zyklische Gruppen und deren Untergruppen gut bekannt sind. Für die Untergruppen der additiven Gruppe $\mathbb{Z}/n\mathbb{Z}$ gilt:

Lemma.
Jede Untergruppe H von $\mathbb{Z}/n\mathbb{Z}$ ist zyklisch und wird von $\frac{n}{|H|} + n\mathbb{Z}$ erzeugt.

Beweis. Sei $\pi \colon \mathbb{Z} \to \mathbb{Z}/n\mathbb{Z}$, $a \mapsto a + n\mathbb{Z}$. Dann ist $\pi^{-1}(H)$ eine Untergruppe von $\mathbb{Z}$, die $n\mathbb{Z}$ enthält, und es ist $\pi^{-1}(H) = \ell\mathbb{Z}$ mit einem $\ell \in \mathbb{N}$, weil jede Untergruppe von $\mathbb{Z}$ so aussieht (vgl. AGLA Satz 11.5). Dann ist $H \underset{\pi \text{ surj.}}{=} \pi(\pi^{-1}(H)) = \ell\mathbb{Z}/n\mathbb{Z}$ zyklisch (als Bild der zyklischen Gruppe $\ell\mathbb{Z}$) und wird von $\ell + n\mathbb{Z}$ erzeugt. Aus dem zweiten Noetherschen Isomorphiesatz 1.6 folgt $(\mathbb{Z}/n\mathbb{Z})/(\ell\mathbb{Z}/n\mathbb{Z}) \simeq \mathbb{Z}/\ell\mathbb{Z}$. Das ergibt $\frac{n}{|H|} = \ell$ nach der Abzählformel 2.2. $\square$

16.6 Zwischenkörper einer zyklischen Erweiterung

Folgerung aus dem Hauptsatz.
Sei L zyklisch vom Grad n über einem Körper K. Dann entsprechen die Zwischenkörper genau den (positiven) Teilern von n.
Ist m Teiler von n, so gibt es genau einen Zwischenkörper Z mit $[L : Z] = m$. Es ist L zyklisch über Z und Z zyklisch über K mit $[Z : K] = \frac{n}{m}$.

16.7 Der Frobenius-Homomorphismus

Beweis. Dies folgt mit Hilfe des folgenden Satzes aus 16.1 und 16.3. □

Satz.
Sei $G = \{\sigma, \ldots, \sigma^{n-1}, \sigma^n = e\}$ eine zyklische Gruppe der Ordnung n. Dann gibt es eine Bijektion von Mengen

$$\psi \colon \{m \in \mathbb{N} \mid m \text{ Teiler von } n\} \xrightarrow{\sim} \{\text{Untergruppen von } G\}, \quad m \longmapsto H_m,$$

wobei H_m die von $\sigma^{n/m}$ erzeugte (zyklische) Untergruppe von G ist. Es ist $|H_m| = m$.

Beweis. Es sei $m \in \mathbb{N}$ ein Teiler von n, also $n = km$ mit einem $k \in \mathbb{N}$. Dann gilt $\operatorname{ord}(\sigma^k) = \frac{n}{\mathrm{ggT}(k,n)} = \frac{n}{k} = m$ nach 14.1. Also ist $|H_m| = m$, und hieraus folgt, dass ψ injektiv ist. Sei H eine Untergruppe von G. Dann ist $m := |H|$ ein Teiler von n nach dem Satz von Lagrange 2.12. Aus Lemma 16.5 folgt, dass $H = H_m$ gilt und also ψ surjektiv ist, denn es gibt einen Isomorphismus $G \to \mathbb{Z}/n\mathbb{Z}$, $\sigma^j \mapsto j + n\mathbb{Z}$, (vgl. AGLA 11.13). □

16.7 Der Frobenius-Homomorphismus

Satz.
Sei K ein endlicher Körper mit $|K| = q$ Elementen. Dann ist jede endliche Körpererweiterung L von K zyklisch, und die Galoisgruppe $G(L/K)$ wird vom Frobenius-Homomorphismus *$\sigma_q \colon L \to L$, $x \mapsto x^q$, erzeugt.*

Beweis. Nach 14.3 ist $q = p^n$, wobei die Primzahl p die Charakteristik von K und $n \in \mathbb{N}$ der Grad von K über dem Primkörper ist. Es folgt

$$\sigma_q(x+y) = (x+y)^q = x^q + y^q = \sigma_q(x) + \sigma_q(y)$$

Da σ_q auch multiplikativ ist, und $\sigma_q(1) = 1$ ist, ist σ_q nach 6.9 ein injektiver Homomorphismus und daher auch surjektiv, da $|L| < \infty$. Sei G die von σ_q erzeugte Untergruppe von $\operatorname{Aut}(L)$. Dann ist $L^G = K$, da K nach 14.4 genau aus den Elementen $a \in L$ mit $a^q = a$ besteht. Nach 15.2 und 15.8 folgt, dass L separabel und normal und daher galoissch über K ist. Da $G \subset G(L/K)$ und $|G| \underset{15.4}{=} [L : K] \underset{15.7}{=} |G(L/K)|$ gilt, folgt $G = G(L/K)$. □

16.8 Vollkommene Körper

Definition. Ein Körper K heißt *vollkommen* oder *perfekt*, wenn jede algebraische Körpererweiterung separabel über K ist.

Beispiele. 1) Körper der Charakteristik 0 sind vollkommen (denn nach Korollar 12.6 ist jedes irreduzible Polynom separabel über K).

2) Jede algebraische Körpererweiterung eines vollkommenen Körpers ist vollkommen. (Denn sei K vollkommen, und sei L algebraisch über K. Dann ist jede algebraische Körpererweiterung von L algebraisch über K nach 12.3 und daher separabel über K, also auch separabel über L.)

3) Endliche Körper sind vollkommen. (Denn sei K endlich, und sei L algebraisch über K. Gäbe es ein über K nicht-separables $x \in L$, so wäre der endliche Körper $K(x)$ nicht separabel über K und also auch nicht galoissch über K im Widerspruch zu 16.7.)

16.9 Bemerkung über Zwischenkörper

Bemerkung.
Jede endliche separable Körpererweiterung eines Körpers K besitzt nur endlich viele Zwischenkörper. (Ist $\mathrm{char}(K) = 0$, so ist die Voraussetzung der Separabilität stets erfüllt.)

Beweis. Nach 15.9 lässt sich jede endliche separable Körpererweiterung in eine Galoiserweiterung L einbetten. Da die Galoisgruppe $G(L/K)$ endlich ist nach 15.6, folgt die Behauptung aus dem Hauptsatz 16.1. □

Lernerfolgstest.
- Nennen Sie den Hauptsatz ohne zurückzublättern.
- Wenn L galoissch über K ist, so ist jeder Zwischenkörper Z separabel über K. Warum gilt dies?
- Welcher Untergruppe von G entspricht im Hauptsatz 16.1 der Körper K und welcher Untergruppe der Körper L?

16.10 Übungsaufgaben 72 – 74

Aufgabe 72. Sei $L = \mathbb{Q}(\sqrt{2}, \sqrt{3})$.

(a) Man zeige, dass L galoissch über $\mathbb{Q}$ ist.

(b) Man bestimme die Galoisgruppe $G(L/\mathbb{Q})$.

(c) Man bestimme alle Zwischenkörper.

Aufgabe 73. Man bestimme den Zerfällungskörper L des Polynoms

$$X^4 - 5X^2 + 6$$

und Grad $[L:Q]$.

Aufgabe 74. Sei K ein Körper der Charakteristik $p > 0$. Man zeige, dass K genau dann vollkommen ist, wenn der *Frobenius-Homomorphismus* $K \to K$, $x \mapsto x^p$, surjektiv ist.

Anwendungen und Ergänzungen

17 Einheitswurzelkörper

Lernziel.
Fertigkeiten: Berechnung von Kreisteilungspolynomen
Kenntnisse: Einheitswurzelkörper, Kreisteilungspolynome und deren Grad, Irreduzibilität der Kreisteilungspolynome über $\mathbb{Q}$

17.1 Einheitswurzeln

Sei K ein Körper, und sei $n \in \mathbb{N}$.

Definition. Sei L ein Zerfällungskörper des Polynoms $X^n - 1 \in K[X]$. Die Nullstellen dieses Polynoms heißen *n-te Einheitswurzeln über K* und L heißt *n-ter Einheitswurzelkörper über K*. Falls $K = \mathbb{Q}$ ist, heißt L auch *n-ter Kreisteilungskörper*.

Satz.

1) *Die n-ten Einheitswurzeln über K bilden eine Untergruppe U_n von L^*.*

2) *Gilt $\operatorname{char}(K) \nmid n$, so ist U_n zyklisch von der Ordnung n.*

3) *Ist $\operatorname{char}(K) = p > 0$ und $p \mid n$, also $n = p^r m$ mit $r > 0$ und $p \nmid m$, so gilt $U_n = U_m$.*

Beweis.   1) Ist offensichtlich.

2) U_n ist zyklisch nach 14.2. Gilt $\operatorname{char}(K) \nmid n$, so haben $X^n - 1$ und $(X^n - 1)' = nX^{n-1}$ keine gemeinsamen Nullstellen. Daher sind die n-ten Einheitswurzeln nach Satz 12.6 alle verschieden, und es folgt $|U_n| = n$.

3) Das Polynom $X^m - 1$ hat, wie in 2) gezeigt, keine mehrfachen Nullstellen. Es ist $X^n - 1 = (X^m - 1)^{p^r}$, da $\mathrm{char}(K) = p$. Die Nullstellen von $X^n - 1$ stimmen also mit den Nullstellen von $X^m - 1$ überein. Es folgt $U_n = U_m$.

□

Aus 3) folgt, dass man sich bei der Betrachtung der Gruppe U_n der n-ten Einheitswurzeln auf den Fall $\mathrm{char}(K) \nmid n$ beschränken kann.

17.2 Die Eulersche φ-Funktion

Definition. Für $n \in \mathbb{N}$ sei $\varphi(n)$ die Anzahl der zu n teilerfremden Zahlen aus $\{1, \ldots, n\}$. Die Funktion $\varphi \colon \mathbb{N} \to \mathbb{N} \cup \{0\}$, $n \mapsto \varphi(n)$, heißt *Eulersche φ-Funktion*.

Satz.

(1) *Für $n \in \mathbb{N}$ ist $(\mathbb{Z}/n\mathbb{Z})^* = \{\overline{m} \in \mathbb{Z}/n\mathbb{Z} \mid m \in \mathbb{Z} \text{ mit } \mathrm{ggT}(m,n) = 1\}$ und also $\varphi(n) = |(\mathbb{Z}/n\mathbb{Z})^*|$.*

(2) *Für $m, n \in \mathbb{N}$ mit $\mathrm{ggT}(m,n) = 1$ gilt $\varphi(mn) = \varphi(m)\varphi(n)$.*

(3) *Für jede Primzahl p und $r \in \mathbb{N}$ ist $\varphi(p^r) = p^{r-1}(p-1)$.*

(4) *Ist $n > 1$ und $n = p_1^{r_1} \cdot \ldots \cdot p_k^{r_k}$ mit $r_1, \ldots, r_k \in \mathbb{N}$ und paarweise verschiedenen Primzahlen $p_1, \ldots, p_k$, so ist $\varphi(n) = \prod_{i=1}^{k} p_i^{r_i - 1}(p_i - 1)$.*

Beweis. (1) Es ist $\overline{m} = m + n\mathbb{Z}$ genau dann in $(\mathbb{Z}/n\mathbb{Z})^*$, wenn es ein $k \in \mathbb{Z}$ mit $mk \equiv 1 \mod n\mathbb{Z}$ gibt. Und dies ist genau dann der Fall, wenn es $z, k \in \mathbb{Z}$ gibt mit $mk + nz = 1$. Dies wiederum ist äquivalent dazu, dass $\mathrm{ggT}(m,n) = 1$ gilt (vgl. Satz 8.4), denn $\mathbb{Z}$ ist ein Hauptidealring nach Satz 6.8.

(2) Sei $\mathrm{ggT}(m,n) = 1$. Zerlege m und n in ein Produkt von Primzahlpotenzen, dann folgt aus dem Chinesischen Restsatz 8.11, die Existenz eines Isomorphismus $\mathbb{Z}/mn\mathbb{Z} \xrightarrow{\sim} \mathbb{Z}/m\mathbb{Z} \times \mathbb{Z}/n\mathbb{Z}$. Dieser induziert einen Isomorphismus $(\mathbb{Z}/mn\mathbb{Z})^* \xrightarrow{\sim} (\mathbb{Z}/m\mathbb{Z})^* \times (\mathbb{Z}/n\mathbb{Z})^*$ der zugehörigen Einheitengruppen. Mit Hilfe von (1) folgt hieraus (2).

(3) Die p^{r-1} Zahlen $p, 2p, \ldots, p^{r-1}p$ sind genau die Zahlen aus $\{1, \ldots, p^r\}$, die nicht teilerfremd zu p^r sind. Es folgt $\varphi(p^r) = p^r - p^{r-1}$.

(4) folgt aus (3) und (2).

□

17.3 Primitive n-te Einheitswurzeln

Definition. Es gelte $\text{char}(K) \nmid n$. Dann heißt jedes erzeugende Element der Gruppe U_n der n-ten Einheitswurzeln in L eine *primitive n-te Einheitswurzel* (vgl. 17.1).

Bemerkung. Sei ζ_n eine primitive n-te Einheitswurzel in L. Dann gelten:

(1) Es ist $L = K(\zeta_n)$.

(2) Für $k \in \mathbb{N}$ gilt: $\boxed{\zeta_n^k \text{ primitiv}} \underset{\text{Def.}}{\Longleftrightarrow} \boxed{\text{ord}(\zeta_n^k) = n} \underset{14.1}{\Longleftrightarrow} \boxed{\text{ggT}(k,n) = 1}$

(3) Es gibt genau $\varphi(n)$ primitive n-te Einheitswurzeln in L. (Dies folgt aus (2) und der Definition von $\varphi(n)$ in 17.2).

Beispiel. Ist $n = p$ eine Primzahl ($\neq \text{char}(K)$), so ist jede p-te Einheitswurzel $\neq 1$ in L primitiv (vgl. 17.2 (3)).

17.4 Der n-te Einheitswurzelkörper ist abelsch

Satz.
Es gelte $\text{char}(K) \nmid n$. Dann ist der n-te Einheitswurzelkörper L galoissch über K, und die Galoisgruppe $G(L/K)$ ist isomorph zu einer Untergruppe von $(\mathbb{Z}/n\mathbb{Z})^*$, also insbesondere abelsch.

Beweis. Da $|U_n| = n$ nach 17.1 gilt, ist $X^n - 1 \in K[X]$ ist separabel. Also ist L galoissch über K nach 15.8. Sei ζ eine primitive n-te Einheitswurzel in L. Dann ist auch $\sigma(\zeta)$ eine solche für $\sigma \in G(L/K)$ (denn mit ζ ist auch $\sigma(\zeta)$ Nullstelle von $X^n - 1$ nach Satz 11.4, und die Ordnung von ζ bleibt unter σ erhalten). Es gilt also $\sigma(\zeta) = \zeta^{k_\sigma}$ mit $\text{ggT}(k_\sigma, n) = 1$ für jedes $\sigma \in G(L/K)$ nach 17.3. Es gibt also eine Abbildung

$$\psi \colon G(L/K) \to (\mathbb{Z}/n\mathbb{Z})^*, \ \sigma \mapsto k_\sigma + n\mathbb{Z},$$

wobei $k_\sigma \in \{1, \ldots, n\}$ gewählt werden kann. Es ist ψ ein Homomorphismus, denn für $\sigma, \tau \in G(L/K)$ ist $(\tau \circ \sigma)(\zeta) = \tau(\zeta^{k_\sigma}) = \tau(\zeta)^{k_\sigma} = \zeta^{k_\tau k_\sigma}$, also $\psi(\tau \circ \sigma) = k_\tau k_\sigma + n\mathbb{Z} = (k_\tau + n\mathbb{Z})(k_\sigma + n\mathbb{Z}) = \psi(\tau)\psi(\sigma)$. Ist $k_\sigma = 1$, so ist $\sigma = \text{id}$, da $L = K(\zeta)$ und $\sigma(a) = a$ für alle $a \in K$ gilt. Also ist ψ injektiv. □

17.5 Das n-te Kreisteilungspolynom

Das Polynom $X^n - 1$ ist offensichtlich nicht irreduzibel, da man stets den Linearfaktor $X - 1$ abspalten kann. Ist zum Beispiel $n = p$ eine Primzahl, so ergibt $(X^p-1):(X-1) = X^{p-1}+\cdots+X+1$ das p-te Kreisteilungspolynom, das wir in 9.10 studiert haben. Es ist irreduzibel in $\mathbb{Z}[X]$ und in $\mathbb{Q}[X]$. Wir definieren nun das n-te Kreisteilungspolynom für beliebiges n.

Definition. Es gelte $\mathrm{char}(K) \nmid n$. Sei L der n-te Einheitswurzelkörper über K, und seien $\zeta^{(1)}, \ldots, \zeta^{(\varphi(n))}$ die primitiven n-ten Einheitswurzeln in L. Das n-te *Kreisteilungspolynom* ist definiert als

$$\Phi_n := (X - \zeta^{(1)}) \cdot \ldots \cdot (X - \zeta^{(m)}) \quad \text{mit } m := \varphi(n).$$

Beispiel. $\Phi_4 = (X - i) \cdot (X + i) = X^2 + 1$.

Satz.

(1) *Es ist* $X^n - 1 = \prod\limits_{d|n} \Phi_d$.

(2) *Es gilt* $\Phi_n \in K[X]$ *und* $\Phi_n \in \mathbb{Z}[X]$, *falls* $K = \mathbb{Q}$.

Beweis. (1) Nach 17.1 ist $|U_n| = n$, also $X^n - 1 = \prod\limits_{\zeta \in U_n} (X - \zeta)$. Ist $\zeta \in U_n$ und $\mathrm{ord}(\zeta) = d$. Dann gilt $d \mid n$ nach Lemma 14.1, und ζ ist eine primitive d-te Einheitswurzel.

(2) Es ist $\Phi_1 = X - 1$. Sei $n > 1$, und sei die Behauptung für alle echten Teiler von n schon bewiesen. Dann ist $X^n - 1 = h \cdot \Phi_n$, wobei h nach (1) das Produkt der Polynome Φ_d mit $d \mid n$ und $0 < d < n$ ist und also nach Induktionsvoraussetzung in $K[X]$ liegt (bzw. in $\mathbb{Z}[X]$, falls $K = \mathbb{Q}$). Es folgt $\Phi_n \in K[X]$ (bzw. $\mathbb{Z}[X]$), denn es ist $X^n - 1 = hg + r$ mit $g, r \in K[X]$ (bzw. $\mathbb{Z}[X]$, da h normiert), und die Division mit Rest ist eindeutig (vgl. 8.1), also $g = \Phi_n$ und $r = 0$.

□

Bemerkung. Mit Hilfe von (1) kann man Φ_n berechnen. Man dividiert $X^n - 1$ durch das Produkt der Polynome Φ_d mit $d \mid n$ und $0 < d < n$:

$$\Phi_1 = X - 1,$$

$$\Phi_2 = \frac{X^2 - 1}{\Phi_1} = \frac{X^2 - 1}{X - 1} = X + 1,$$

$$\Phi_3 = X^2 + X + 1 \quad \text{(nach 9.10)},$$

$$\Phi_4 = \frac{X^4 - 1}{\Phi_1 \cdot \Phi_2} = X^2 + 1,$$

$$\Phi_5 = X^4 + X^3 + X^2 + X + 1 \quad \text{(nach 9.10)},$$

$\ldots$

Für große n treten auch Koeffizienten $\neq \pm 1$ auf.

17.6 Irreduzibilität in $\mathbb{Q}[X]$

Wir betrachten nun den Fall $K = \mathbb{Q}$ näher.

Satz.
Das n-te Kreisteilungspolynom Φ_n ist irreduzibel in $\mathbb{Z}[X]$ und in $\mathbb{Q}[X]$.

Beweis. Es ist $\Phi_n \in \mathbb{Z}[X]$ und normiert (vgl. 17.5). Da $\mathbb{Z}[X]$ nach dem Satz von Gauß faktoriell ist, lässt sich Φ_n eindeutig als Produkt von irreduziblen Polynomen in $\mathbb{Z}[X]$ schreiben (vgl. 9.4 und 8.9). Sei also $\pi \in \mathbb{Z}[X]$ ein normierter irreduzibler Teiler von Φ_n, und sei ζ eine Nullstelle von π. Dann ist ζ auch Nullstelle von Φ_n und also eine primitive n-te Einheitswurzel im n-ten Kreisteilungskörper L. Unser Ziel ist es, zu zeigen:

(∗) $\qquad \pi(\zeta^k) = 0$ für jedes $k \in \{1, \ldots, n\}$ mit $\mathrm{ggT}(k, n) = 1$.

Aus (∗) folgt $\mathrm{grad}(\pi) = \varphi(n) = \mathrm{grad}(\Phi_n)$, vgl. 17.2, 17.3, und also $\Phi_n = \pi$. Hieraus folgt, dass Φ_n irreduzibel in $\mathbb{Z}[X]$ ist und also nach Lemma 9.7 auch in $\mathbb{Q}[X]$.

Wir zeigen nun zunächst, dass $\pi(\zeta^p) = 0$ für jeden Primteiler p von k gilt. Sei also p eine Primzahl mit $p \mid k$ und also mit $p \nmid n$. Angenommen, $\pi(\zeta^p) \neq 0$. Da $\pi \mid \Phi_n$ und $\Phi_n \mid (X^n - 1)$ gilt, ist

$$X^n - 1 = \pi \cdot g \text{ mit einem normierten } g \in \mathbb{Z}[X].$$

Es folgt $g(\zeta^p) = 0$, da $\pi(\zeta^p) \neq 0$. Also ist ζ Nullstelle des Polynoms $g(X^p)$, (wobei $g(X^p) = \sum a_i(X^p)^i$ für $g = \sum a_i X^i$ mit $a_i \in \mathbb{Z}$ gilt). Damit haben π und $g(X^p)$ in $L[X]$ den gemeinsamen Faktor $X - \zeta$. Also ist $\mathrm{ggT}(\pi, g(X^p))$ auch in $\mathbb{Q}[X]$ nicht konstant, (denn es ist $r\pi + s\,g(X^p) = \mathrm{ggT}(\pi, g(X^p))$ mit $r, s \in \mathbb{Q}[X]$ nach Satz 8.4). Da π irreduzibel in $\mathbb{Q}[X]$ ist, folgt mit Hilfe von Lemma 9.3 (b), dass $\pi \mid g(X^p)$ in $\mathbb{Z}[X]$ gilt und also

$$g(X^p) = \pi \cdot h \text{ mit } h \in \mathbb{Z}[X].$$

Hieraus folgt $\overline{g}(X^p) = \overline{\pi} \cdot \overline{h}$ in $\mathbb{F}_p[X]$, wobei $\mathbb{Z}[X] \to \mathbb{F}_p[X]$, $f \mapsto \overline{f}$, wie in 9.11 definiert ist und $\mathbb{F}_p = \mathbb{Z}/p\mathbb{Z}$ gilt. Es folgt

$$\overline{g}^p = \overline{\pi} \cdot \overline{h},$$

da $\overline{g}^p = \left(\sum \overline{a_i} X^i\right)^p = \sum \overline{a_i}^p X^{ip} = \overline{g}(X^p)$, denn $\overline{a_i}^p = \overline{a_i}$ nach 14.5. Jede Nullstelle von $\overline{\pi}$ ist daher Nullstelle von $\overline{g}^p$ und also von $\overline{g}$. Das Polynom $X^n - \overline{1} = \overline{\pi} \cdot \overline{g}$ hat nun eine doppelte Nullstelle in seinem Zerfällungskörper im Widerspruch zu 17.1, da $\mathrm{char}(\mathbb{F}_p) = p \nmid n$ ist. Also gilt $\pi(\zeta^p) = 0$.

Ist nun $k \in \{2, \ldots, n\}$ gegeben mit $\mathrm{ggT}(k, n) = 1$, so ist k ein Produkt von Primzahlen, die n nicht teilen, und es folgt induktiv, dass $\pi(\zeta^k) = 0$ gilt. □

Korollar. *Der n-te Kreisteilungskörper $L = \mathbb{Q}(\zeta_n)$ ist abelsch mit Galoisgruppe $G(L/\mathbb{Q}) \simeq (\mathbb{Z}/n\mathbb{Z})^*$.*

Beweis. Nach 17.4 ist L abelsch, und $G(L/\mathbb{Q})$ ist isomorph zu einer Untergruppe von $(\mathbb{Z}/n\mathbb{Z})^*$. Da Φ_n nach dem Satz das Minimalpolynom von ζ_n über $\mathbb{Q}$ ist, folgt $|G(L/\mathbb{Q})| \underset{15.7}{=} [L:\mathbb{Q}] \underset{11.10}{=} \mathrm{grad}(\Phi_n) \underset{17.2}{=} |(\mathbb{Z}/n\mathbb{Z})^*|$. □

Kroneckers Jugendtraum.
Jede abelsche Körpererweiterung von $\mathbb{Q}$ ist in einem Kreisteilungskörper $\mathbb{Q}(\zeta_n)$ mit passendem $n \in \mathbb{N}$ enthalten.
Dies ist der Satz von *Kronecker-Weber* aus der algebraischen Zahlentheorie (1853 von L. KRONECKER vermutet und 1886 von H. WEBER bewiesen).

Lernerfolgstest.
- Was ist der Grad von Φ_{15} ?
- Berechnen Sie Φ_6 und Φ_8 .

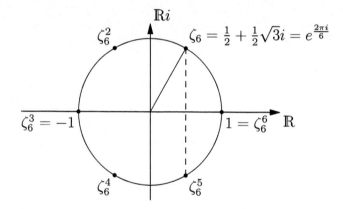

17.7 Übungsaufgaben 75–76

Aufgabe 75. Für $n \geqslant 3$ sei $\zeta = \zeta_n$ eine primitive n-te Einheitswurzel. Man zeige:
$$[\mathbb{Q}(\zeta) : \mathbb{Q}(\zeta + \zeta^{-1})] = 2.$$

Aufgabe 76. Man bestimme den Zerfällungskörper und seinen Grad über $\mathbb{Q}$ von

1. $f = X^3 - 1$,
2. $f = X^6 - 8$.

18 Auflösbarkeit von Gleichungen

Lernziel.
Fertigkeiten: Technisch schwierige Beweise nachvollziehen
Kenntnisse: Zusammenhang zwischen auflösbaren Gruppen und durch Radikale auflösbaren Gleichungen

18.1 Galoisgruppe eines Polynoms

Sei K ein Körper, und sei $f \in K[X]$ ein separables Polynom. Dann ist der Zerfällungskörper L von f galoissch über K nach 15.8. Man nennt dann die Galoisgruppe $G(L/K)$ die *Galoisgruppe des Polynoms* f oder auch die *Galoisgruppe der Gleichung* $f = 0$. Wir schreiben dafür dann auch $G(f)$.

Bemerkung. Ist f irreduzibel, so operiert die Galoisgruppe $G(f)$ transitiv auf der Menge der Nullstellen von f (d.h. zu je zwei Nullstellen x, y von f gibt es ein $\sigma \in G(f)$ mit $\sigma(x) = y$).

Beweis. Nach 13.1 gibt es einen K-Isomorphismus $\psi \colon K(x) \to K(y)$ mit $\psi(x) = y$, und dieser hat nach 13.2 eine Forsetzung zu einem $\sigma \in G(f)$. □

Beispiel. Sei $f = X^3 - 2 \in \mathbb{Q}[X]$. Dann ist $L = \mathbb{Q}(\sqrt[3]{2}, \zeta)$, wobei ζ Nullstelle von $X^2 + X + 1$ ist. Es ist $G(f) := G(L/\mathbb{Q}) \simeq S_3$ nach 16.2, 16.4.

18.2 Radikalerweiterung

Definition. 1) Eine Körpererweiterung L von K heißt *Radikalerweiterung*, wenn es einen Körperturm

$$K = K_1 \subset K_2 \subset \cdots \subset K_n = L$$

derart gibt, dass $K_{i+1} = K_i(x_i)$ gilt und x_i Nullstelle eines Polynoms $X^{n_i} - a_i \in K_i[X]$ ist (d.h. K_{i+1} entsteht aus K_i durch Adjunktion einer n_i-ten Wurzel eines Elementes aus K_i). Man nennt x_i dann ein *Radikal*.

2) Sei $f \in K[X]$. Dann heißt die Gleichung $f = 0$ *durch Radikale auflösbar*, wenn es eine Radikalerweiterung von K gibt, die eine Nullstelle von f enthält.

18.3 Galoisgruppe einer reinen Gleichung

Definition. Es gelte $\operatorname{char}(K) \nmid n$. Dann nennt man eine Gleichung der Form $\boxed{X^n - a = 0}$ mit $a \in K^*$ eine *reine Gleichung*.

Satz.
Der Körper K enthalte eine primitive n-te Einheitswurzel. Dann gelten:

(i) *Die Galoisgruppe des Polynoms $f = X^n - a$ mit $a \in K^*$ ist zyklisch.*

(ii) *Zu jeder zyklischen Körpererweiterung L von K vom Grad n gibt es ein $x \in L$ mit $L = K(x)$ und $x^n =: a \in K$. Das Polynom $X^n - a$ ist irreduzibel in $K[X]$, und L ist sein Zerfällungskörper.*

Beweis. **(i):** Sei L der Zerfällungskörper von f und ζ eine primitive n-te Einheitswurzel in K. Ist $x \in L$ Nullstelle von f, so ist $\{x, \zeta x, \ldots, \zeta^{n-1}x\}$ die Menge aller Nullstellen von f. Also ist $L = K(x)$, und für jedes $\sigma \in G(L/K)$ gibt es ein $k_\sigma \in \{1, \ldots, n\}$ so, dass $\sigma(x) = \zeta^{k_\sigma} x$ gilt. Die Abbildung

$$\psi \colon G(L/K) \to \mathbb{Z}/n\mathbb{Z}, \ \sigma \mapsto k_\sigma + n\mathbb{Z}.$$

ist ein Homomorphismus, da $(\sigma \circ \tau)(x) = \sigma(\zeta^{k_\tau}x) = \zeta^{k_\tau}\sigma(x) = \zeta^{k_\tau + k_\sigma}x$ und also $\psi(\sigma \circ \tau) = k_\sigma + k_\tau + n\mathbb{Z} = k_\sigma + n\mathbb{Z} + k_\tau + n\mathbb{Z} = \psi(\sigma) + \psi(\tau)$ für $\sigma, \tau \in G(L/K)$ gilt. Da die additive Gruppe $\mathbb{Z}/n\mathbb{Z}$ zyklisch ist, ist auch die Untergruppe $\psi(G(L/K)$ von $\mathbb{Z}/n\mathbb{Z}$ zyklisch (vgl. 16.5). Ist $k_\sigma \in n\mathbb{Z}$, so ist $\sigma(x) = x$ und es folgt $\sigma = \mathrm{id}$. Also ist ψ injektiv, und es folgt (i).

(ii): Sei σ ein erzeugendes Element von $G(L/K)$, und sei ζ eine primitive n-te Einheitswurzel in K. Die Automorphismen $\mathrm{id}, \sigma, \ldots, \sigma^{n-1}$ sind linear unabhängig über L nach 18.4 unten. Also ist die *Lagrangesche Resolvente* $\rho := \mathrm{id} + \zeta\sigma + \cdots + \zeta^{n-1}\sigma^{n-1}$ nicht die Nullabbildung. Es gibt daher ein $y \in L$ so, dass $x := \rho(y) = y + \zeta\sigma(y) + \zeta^2\sigma^2(y) + \cdots + \zeta^{n-1}\sigma^{n-1}(y) \neq 0$ ist. Es folgt

$$\sigma(x) = \sigma(y) + \zeta\sigma^2(y) + \zeta^2\sigma^3(y) + \cdots + \zeta^{n-2}\sigma^{n-1}(y) + \zeta^{n-1}y = \zeta^{-1}x$$

und daher $\sigma(x^n) = \sigma(x)^n = \zeta^{-n}x^n = x^n$. Es folgt $x^n =: a \in L^{G(L/K)} = K$, da σ die zyklische Gruppe $G(L/K)$ erzeugt, und nach Definition 15.8. Da $\sigma^k(x) = \zeta^{-k}x$ für jedes $k = 0, 1, \ldots, n - 1$ Nullstelle des Minimalpolynoms m_x von x ist, folgt $[K(x) : K] = \mathrm{grad}(m_x) \geqslant n$ (vgl. 11.10). Andererseits ist $K(x)$ ein Teilkörper L, und es folgt $L = K(x)$ sowie $m_x = X^n - a$. $\square$

18.4 Lineare Unabhängigkeit von Charakteren

Sei L ein Körper und G eine (multiplikative) Gruppe.

Definition. Ein *Charakter von G in L* ist ein Gruppenhomomorphismus $G \to L^*$.

Beispiel. Jedes $\sigma \in \mathrm{Aut}(L)$ definiert einen Charakter $\sigma \colon L^* \to L^*$.

Satz.
Seien $\sigma_1, \ldots, \sigma_n$ paarweise verschiedene Charaktere von G in L, und seien $\lambda_1, \ldots, \lambda_n \in L$ gegeben mit

(∗) $\qquad \lambda_1 \sigma_1(x) + \cdots + \lambda_n \sigma_n(x) = 0 \;$ *für alle* $x \in G$.

Dann folgt $\lambda_1 = \cdots = \lambda_n = 0$.

Beweis. Induktion nach n.
$n = 1$: Ist $\lambda_1 \sigma_1(x) = 0$ für alle $x \in G$, so ist $\lambda_1 = 0$, da $\sigma_1(x) \in L^*$.
Sei $n > 1$, und die Behauptung sei für $n - 1$ Charaktere bewiesen. Wähle $y \in G$ mit $\sigma_1(y) \neq \sigma_n(y)$ und multipliziere (∗) mit $\sigma_n(y)$. Dann folgt

$$\lambda_1 \sigma_n(y) \sigma_1(x) + \cdots + \lambda_n \sigma_n(y) \sigma_n(x) = 0$$

Setze in (∗) statt x das Element yx ein. Dann folgt

$$\lambda_1 \sigma_1(y) \sigma_1(x) + \cdots + \lambda_n \sigma_n(y) \sigma_n(x) = 0$$

Subtraktion ergibt

$$\lambda_1 (\underbrace{\sigma_n(y) - \sigma_1(y)}_{\neq 0 \text{ nach Wahl von } y}) \sigma_1(x) + \cdots + \lambda_{n-1}(\sigma_n(y) - \sigma_{n-1}(y))\sigma_{n-1}(x) = 0$$

für alle $x \in G$. Also folgt $\lambda_1 = 0$ nach Induktionsvoraussetzung. Wende nun die Induktionsvoraussetzung auf (∗) an. Dann folgt $\lambda_2 = \cdots = \lambda_n = 0$. □

18.5 Kompositum von Zwischenkörpern

Sei L eine Körpererweiterung eines Körpers K.

Definition. Das *Kompositum* $Z_1 Z_2$ zweier Zwischenkörper Z_1, Z_2 ist definiert als der von der Vereinigung $Z_1 \cup Z_2$ erzeugte Teilkörper von L.

Lemma. *Für Zwischenkörper Z_1, Z_2, Z und $Z_1 \subset Z_2$ gilt:*

$$\boxed{Z_2 \text{ galoissch über } Z_1} \Longrightarrow \boxed{ZZ_2 \text{ galoissch über } ZZ_1}$$

Die Galoisgruppe $G(ZZ_2/ZZ_1)$ ist dann isomorph zu einer Untergruppe von $G(Z_2/Z_1)$.

Beweis. Nach 15.8 ist Z_2 Zerfällungskörper eines separablen Polynoms $f \in Z_1[X]$. Sei M die Menge der Nullstellen von f. Dann folgt $Z_2 = Z_1(M)$ und also $ZZ_2 = ZZ_1(M)$. Nach 15.8 folgt, dass ZZ_2 galoissch über ZZ_1 ist (da endlich nach 12.1 und normal über ZZ_1 und da f separabel über ZZ_1). Der Homomorphismus $G(ZZ_2/ZZ_1) \to G(Z_2/Z_1)$, $\sigma \mapsto \sigma|_{Z_2}$, ist injektiv, da σ durch die Wirkung auf M eindeutig bestimmt ist (vgl. 15.5). □

18.6 Gleichungen mit auflösbarer Galoisgruppe

Satz.
Sei K ein Körper, $f \in K[X]$ irreduzibel und separabel. Die Galoisgruppe $G(f)$ sei auflösbar, und es gelte $\mathrm{char}(K) \nmid |G(f)|$. Dann ist die Gleichung $f = 0$ durch Radikale lösbar, und alle Lösungen von f sind Radikale.

Beweis. Sei L Zerfällungskörper von f, also $G(f) = G(L/K)$ nach 18.1. Da $G(f)$ auflösbar ist, gibt es nach Satz 4.4 eine Kette von Untergruppen

$$G(f) = U_k \supset U_{k-1} \supset \cdots \supset U_1 \supset U_0 = \{\mathrm{id}\},$$

wobei $U_{i-1} \triangleleft U_i$ und U_i/U_{i-1} (zyklisch) von Primzahlordnung p_i ist für $i = 1, \ldots, k$. Nach dem Hauptsatz 16.1 und 16.3 gibt es hierzu einen Körperturm

$$K = Z_0 \subset Z_1 \subset \cdots \subset Z_k = L,$$

wobei Z_i zyklisch vom Grad p_i über Z_{i-1} ist für $i = 1, \ldots, k$. Nach Gradsatz 11.7 folgt $n := [L : K] = p_1 \cdot \ldots \cdot p_k$. Da $\mathrm{char}(K) \nmid n$ nach Voraussetzung gilt, enthält der n-te Einheitswurzelkörper K' von K alle p_i-ten Einheitswurzeln für $i = 1, \ldots, k$, vgl. 17.1. Da in dem Körperturm

$$K' = K'Z_0 \subset K'Z_1 \subset \cdots \subset K'Z_k = K'L =: L'$$

die Erweiterungen $K'Z_i$ alle zyklisch über $K'Z_{i-1}$ sind nach 18.5, gibt es Elemente $x_i \in K'Z_i$ und $n_i \in \mathbb{N}$ mit $x_i^{n_i} \in K'Z_{i-1}$ für $i = 1, \ldots, k$ nach 18.3(ii). Also ist L' Radikalerweiterung von K'. Da wiederum K' Radikalerweiterung von K ist, ist L' auch eine solche über K. Alle Nullstellen von f liegen in L', sind also Radikale. □

18.7 Durch Radikale auflösbare Gleichungen

Satz.
Sei K ein Körper der Charakteristik 0, und sei $f \in K[X]$ irreduzibel. Die Gleichung $f = 0$ sei durch Radikale auflösbar. Dann ist die Galoisgruppe $G(f)$ auflösbar.

Beweis. Nach Voraussetzung gibt es eine Radikalerweiterung R von K, in der f eine Nullstelle besitzt. Es gibt also einen Körperturm

$$K = R_0 \subset R_1 \subset \cdots \subset R_k = R,$$

wobei $R_{i+1} = R_i(x_i)$ mit $x_i^{n_i} \in R_i$ und $n_i \in \mathbb{N}$ gilt für alle $i = 0, \ldots, k-1$ (vgl. Definition 18.2). Sei $n = n_0 \cdot \ldots \cdot n_{k-1}$, und sei K' der n-te Einheitswurzelkörper über K. Dann ist K' abelsch über K nach 17.4, und man

18.8 Nicht auflösbare Gleichungen vom Grad p

erhält einen Körperturm

$$K \underset{\text{abelsch}}{\subset} K' = K'R_0 \underset{\text{zyklisch}}{\subset} K'R_1 \subset \cdots \subset K'R_k =: R',$$

in dem $K'R_i$ zyklisch über $K'R_{i-1}$ ist für alle $i = 1, \ldots, k$ nach 18.3(i). Bette R' gemäß 15.9 in eine Galoiserweiterung N von K ein. Dann definiert jedes $\sigma \in G(N/K)$ einen Körperturm

$$K \underset{\text{abelsch}}{\subset} \sigma(K'R_0) \underset{\text{zyklisch}}{\subset} \sigma(K'R_1) \underset{\text{zyklisch}}{\subset} \cdots \underset{\text{zyklisch}}{\subset} \sigma(K'R_k).$$

Sei Z_i das Kompositum aller $\sigma(K'R_i)$ mit $\sigma \in G(N/K)$ für $i = 0, \ldots, k$. Dann ist Z_0 abelsch über K, und Z_i ist zyklisch über Z_{i-1} für $i = 1, \ldots, k$ nach 18.5. Man erhält dann einen Körperturm

$$K \underset{\text{abelsch}}{\subset} Z_0 \underset{\text{zyklisch}}{\subset} Z_1 \underset{\text{zyklisch}}{\subset} \cdots \underset{\text{zyklisch}}{\subset} Z_k =: L \ (\subset N)$$

wobei zusätzlich noch L galoissch über K ist nach 16.3 „(b) $\Longrightarrow$ (a)".
Hierzu gehört nach dem Hauptsatz 16.1 und nach 16.3 ein Gruppenturm

$$G(L/K) \triangleright G(L/Z_0) \triangleright G(L/Z_1) \triangleright \cdots \triangleright G(L/Z_k) = \{\text{id}\}.$$

Nach 16.3 gilt $G(L/Z_{i-1})/G(L/Z_i) \simeq G(Z_i/Z_{i-1})$. Also sind die Faktorgruppen für $i = 1, \ldots, k$ alle zyklisch, und $G(L/K)/G(L/Z_0) \simeq G(Z_0/K)$ ist abelsch, (vgl. Definition 16.5). Also ist $G(L/K)$ auflösbar nach Definition 4.1. Da $R \subset L$ gilt, enthält L eine Nullstelle von f. Nach Definition 13.3 enthält L daher einen Zerfällungskörper Z von f (da L normal über K und f irreduzibel ist). Es ist Z galoissch über K (vgl. 16.8 und 15.8). Daher gilt $G(L/Z) \triangleleft G(L/K)$ und $G(Z/K) \simeq G(L/K)/G(L/Z)$ nach 16.3. Da $G(L/K)$ auflösbar ist, ist auch $G(Z/K) = G(f)$ auflösbar nach 4.3. $\square$

Aus 18.6 und 18.6 ergibt sich sofort, dass folgende Korollar.

Korollar. *Sei* $\text{char}(K) = 0$, *und sei* $f \in K[X]$ *irreduzibel. Dann ist die Gleichung* $f = 0$ *genau dann durch Radikale lösbar, wenn die Galoisgruppe* $G(f)$ *auflösbar ist.*

18.8 Nicht auflösbare Gleichungen vom Grad p

Satz.
Sei p eine Primzahl, und sei $f \in \mathbb{Q}[X]$ ein irreduzibles Polynom vom Grad p, das in $\mathbb{C}$ genau zwei nicht-reelle Nullstellen besitze. Dann ist die Galoisgruppe $G(f)$ isomorph zur symmetrischen Gruppe S_p, und die Gleichung $f = 0$ ist nicht durch Radikale auflösbar, falls $p \geqslant 5$.

18 Auflösbarkeit von Gleichungen

Beweis. Sei L Zerfällungskörper von f. Dann ist L galoissch über $\mathbb{Q}$, und die Galoisgruppe $G(f) := G(L/\mathbb{Q})$ ist isomorph zu einer Untergruppe G von S_p nach 15.5. Ist x eine Nullstelle von f, so gilt $[\mathbb{Q}(x) : \mathbb{Q}] = p$ nach 11.10, da f irreduzibel ist. Es folgt $p \mid [L : \mathbb{Q}] = |G|$. Also enthält G ein Element σ der Ordnung p nach dem Satz von Cauchy 2.4. Dann ist σ ein p-Zyklus (überlegt man sich mit Hilfe von 5.3, wonach σ ein Produkt von paarweise vertauschbaren Zyklen ist). Die Nullstellen $x_1, \ldots, x_p$ von f sind nach Korollar 12.6 alle verschieden. Seien x_1, x_2 die beiden Nullstellen aus $\mathbb{C} \setminus \mathbb{R}$. Dann entspricht der komplexen Konjugation die Transposition $\tau = (1, 2)$.

Indem man σ gegebenenfalls durch eine geeignete Potenz ersetzt, kann man $\sigma = (1, \ldots, p)$ annehmen. Es folgt $G \ni \sigma\tau\sigma^{-1} = (\sigma(1), \sigma(2)) = (2, 3)$ und $G \ni \sigma(2,3)\sigma^{-1} = (3, 4)$ usw. (vgl. Aufgabe 29 (c). Für jedes $n \in \{1, \ldots, p\}$ ist also $(n, n+1) \in G$.

Da $(1, n)(n, n+1)(1, n) = (1, n+1)$ gilt, folgt $G \ni (1, n)$ für alle $n = 2, \ldots, p$. Also ist $G \simeq S_p$ nach 5.8. Da S_p für $p \geqslant 5$ nicht auflösbar ist (vgl. 5.7), ist f nicht durch Radikale auflösbar für $p \geqslant 5$ nach Korollar 18.7. $\square$

Beispiel.
Die Gleichung $X^5 - 4X + 2 = 0$ ist über $\mathbb{Q}$ nicht durch Radikale auflösbar.

Beweis. Sei $f = X^5 - 4X + 2 \in \mathbb{Q}[X]$. Dann ist f irreduzibel (nach dem Satz von Eisenstein 9.7 mit $p = 2$), und f hat genau drei reelle Nullstellen. Denn $f' = 5X^4 - 4$ hat genau zwei Nullstellen $\pm\sqrt[4]{\frac{4}{5}}$ in $\mathbb{R}$. Also hat f höchstens drei Nullstellen in $\mathbb{R}$ nach dem Satz von Rolle. Es ist $f(-2) < 0$, $f(0) > 0$, $f(1) < 0$, $f(2) > 0$. Also hat f mindestens 3 reelle Nullstellen nach dem Zwischenwertsatz. Nach obigem Satz folgt die Behauptung. $\square$

18.9 Rationaler Funktionenkörper

Den Polynomring $R[Y_1, \ldots, Y_n]$ in n Unbestimmten $Y_1, \ldots, Y_n$ über einem kommutativen Ring R kann man induktiv einführen wie in 9.4 oder durch direkte Verallgemeinerung der Definition in 6.12, wie es in Kapitel 20 noch geschehen wird.

Definition. Sei K ein Körper. Der Quotientenkörper $F := K(X_1, \ldots, X_n)$ des Polynomrings $K[X_1, \ldots, X_n]$ in n Unbestimmten heißt *Körper der rationalen Funktionen in den Unbestimmten* $X_1, \ldots, X_n$.

Bemerkung. (1) Es ist $[F : K] = \infty$ (da schon die Potenzen $X_1^i \in \mathbb{N} \cup \{0\}$ linear unabhängig sind).

18.10 Symmetrische Funktionen

(2) Die Galoisgruppe $G(F/K)$ besitzt eine zur symmetrischen Gruppe S_n isomorphe Untergruppe S_n^*, denn jede Permutation $\pi \in S_n$ induziert einen Isomorphismus

$$\pi^* \colon K[X_1, \ldots, X_n] \to K[X_1, \ldots, X_n],$$
$$f(X_1, \ldots, X_n) \mapsto f(X_{\pi(1)}, \ldots, X_{\pi(n)}),$$

und also einen K-Automorphismus

$$\pi^* \colon F \to F \text{ mit } \pi^*\left(\frac{g}{h}\right) = \frac{\pi^*(g)}{\pi^*(h)}$$

für $g, h \in K(X_1, \ldots, X_n)$, $h \neq 0$. Dies ist wohldefiniert, und $(\pi^*)^{-1}$ wird durch π^{-1} induziert.

18.10 Symmetrische Funktionen

Definition. Sei $F = K(X_1, \ldots, X_n)$ wie in 18.9. Dann heißen die Elemente des Fixkörpers

$$F^{S_n^*} := \{f \in F \mid \pi^*(f) = f \text{ für alle } \pi \in S_n\}$$

symmetrische Funktionen, (weil sie festbleiben unter der Wirkung der symmetrischen Gruppe).

Beispiele für symmetrische Funktionen sind die *elementar symmetrischen Funktionen*:

$$s_0 := 1, \quad s_1 := X_1 + \cdots + X_n \quad (\text{Spur})$$
$$s_2 := X_1 X_2 + \cdots + X_1 X_n + X_2 X_3 + \cdots + X_2 X_n + \cdots + X_{n-1} X_n$$
$$= \sum_{i<j} X_i X_j$$

$\ldots$

$$s_m := \sum_{i_1 < i_2 < \cdots < i_m} X_{i_1} \cdot \ldots \cdot X_{i_m}$$
$$s_n := X_1 \cdot \ldots \cdot X_n \quad (\text{Norm})$$

Bemerkung. Sei $g = (X - X_1) \cdot \ldots \cdot (X - X_n) \in K(X_1, \ldots, X_n)[X]$. Dann erhält man durch Ausmultiplizieren und Ordnen nach Potenzen von X

$$\boxed{g = X^n - s_1 X^{n-1} + s_2 X^{n-2} - \cdots + (-1)^n s_n = \sum_{i=0}^{n} (-1)^i s_i X^{n-i}}$$

(vgl. Beispiel 15.3 für $n = 4$ mit x_i statt X_i).

Satz.
Sei K ein Körper, $F = K(X_1,\ldots,X_n)$ der Körper der rationalen Funktionen in den Unbestimmten $X_1,\ldots,X_n$, und sei Z der Teilkörper der symmetrischen Funktionen. Dann gelten:

(a) $Z = K(s_1,\ldots,s_n)$, wobei $s_1,\ldots,s_n$ die elementarsymmetrischen Funktionen sind.

(b) F ist Zerfällungskörper des Polynoms $g := \sum_{i=0}^{n}(-1)^i s_i\, X^{n-i} \in Z[X]$.

(c) F ist galoissch über Z mit Galois-Gruppe $G(F/Z) \simeq S_n$, insbesondere ist $[F:Z] = n!$.

Beweis. Sei $Z_0 = K(s_1,\ldots,s_n)$. Dann gilt $Z_0 \subset Z \subset F$, und es ist $F = Z_0(X_1,\ldots,X_n)$, da die elementarsymmetrischen Funktionen Polynome sind. Nach der Bemerkung ist F Zerfällungskörper des (separablen) Polynoms $g \in Z_0[X]$. Also ist f galoissch über Z_0 nach 15.8. Nach Bemerkung 18.9 ist $Z = F^{S_n^*}$ mit $S_n^* \simeq S_n$. Nach 15.5 und 15.4 folgt

$$[F:Z_0] \leqslant n! = |S_n^*| = [F:Z]$$

und daher $[Z:Z_0] \leqslant 1$ nach Gradsatz. Es folgt $Z = Z_0$ und $G(F/Z) = S_n^*$ (vgl. 15.8). Damit sind (a), (b) und (c) bewiesen. □

18.11 Die allgemeine Gleichung n-ten Grades

Definition. Sei $K(u_1,\ldots,u_n)$ der Körper der rationalen Funktionen in den Unbestimmten $u_1,\ldots,u_n$ über einem Körper K. Das Polynom

$$f := X^n + u_1 X^{n-1} + \cdots + u_{n-1}X + u_n \in K(u_1,\ldots,u_n)[X]$$

heißt *allgemeines Polynom n-ten Grades über K*, und die Gleichung $f = 0$ heißt *allgemeine Gleichung n-ten Grades über K*
(Die Koeffizienten sind hierbei Unbestimmte. Durch *Spezialisieren* $u_i \mapsto a_i$ mit $a_i \in K$ für $i = 1,\ldots,n$ erhält man daraus ein Polynom aus $K[X]$).

Satz.
Die Galoisgruppe $G(f)$ der allgemeinen Gleichung n-ten Grades ist zur symmetrischen Gruppe S_n isomorph.

Beweis. Seien $v_1,\ldots,v_n$ die Nullstellen von f, und sei L Zerfällungskörper von f über $K(u_1,\ldots,u_n)$. Nach 18.10 ist dann

$$f = (X-v_1)\cdot\ldots\cdot(X-v_n) = \sum_{i=0}^{n}(-1)^i s_i(v_1,\ldots,v_n)X^{n-i}.$$

Durch Koeffizientenvergleich folgt $u_i = (-1)^i s_i(v_1, \ldots, v_n) \in K(v_1, \ldots, v_n)$ und also $L = K(v_1, \ldots, v_n)$. Wir zeigen:

$$\begin{array}{ccc} F := K(X_1, \ldots, X_n) & \xrightarrow{\sim} & K(v_1, \ldots, v_n) = L \\ \big| & & \big| \\ Z := K(s_1, \ldots, s_n) & \xrightarrow{\sim} & K(u_1, \ldots, u_n) \end{array}$$

Dann folgt $G(f) \simeq G(F/Z) \simeq S_n$ nach Satz 18.10.
Der Ringhomomorphismus $\psi \colon K[X_1, \ldots, X_n] \to L$ sei durch $\psi(X_i) = v_i$ für $i = 1, \ldots, n$ und $\psi(a) = a$ für $a \in K$ definiert. Dann gilt $\psi((-1)^i s_i) = u_i$, und ψ induziert einen Isomorphismus

$$\varphi \colon K[s_1, \ldots, s_n] \xrightarrow{\sim} K[u_1, \ldots, u_n]$$

mit Umkehrabbildung $u_i \mapsto (-1)^i s_i$. Hieraus folgt, dass ψ injektiv ist, denn ist $g \ne 0$ im $\mathrm{kern}(\psi)$, so ist $x := \prod_{\pi \in S_n} \pi^*(g) \ne 0$ und $\sigma(x) = x$ für alle $\sigma \in S_n^* = G(F/Z)$. Also ist $x \in Z$. Es folgt $0 \ne x \in \mathrm{kern}(\varphi)$ im Widerspruch dazu, dass φ injektiv ist. Daher induziert ψ einen Isomorphismus $F \simeq L$ und φ einen Isomorphismus $Z \simeq K(u_1, \ldots, u_n)$. □

Korollar. *Sei* $\mathrm{char}(K) = 0$. *Dann ist die allgemeine Gleichung n-ten Grades über* K *für* $n = 2, 3, 4$ *durch Radikale auflösbar und für* $n \geqslant 5$ *nicht durch Radikale auflösbar.*

Beweis. Sei $f = 0$ besagte Gleichung. Dann ist $G(f) \simeq S_n$ nach dem Satz. Da S_n für $n \leqslant 4$ auflösbar ist, und für $n \geqslant 5$ nicht auflösbar ist nach 5.7, folgt die Behauptung aus 18.7. □

Lernerfolgstest.
- Wie vereinfachen sich die Beweise von 18.6 und 18.7, wenn alle Einheitswurzeln in K liegen?
- Wie vereinfacht sich der Beweis von 18.7, wenn R galoissch ist?

18.12 Übungsaufgaben 77–80

Aufgabe 77. Man ermittle die Galoisgruppe von $X^4 + 2 \in \mathbb{F}_5[X]$.

Aufgabe 78. Man entscheide, ob die Gleichung $X^6 + 3 = 0$ über $\mathbb{Q}$ durch Radikale auflösbar ist.

Aufgabe 79. Man bestimme die Galoisgruppe von $X^4 + 2 \in \mathbb{Q}[X]$.

Aufgabe 80. Sei L der Zerfällungskörper des Polynoms $X^4 - 10X^2 + 21 \in \mathbb{Q}[X]$. Man bestimme die Galoisgruppe $G(L/\mathbb{Q})$ und alle Zwischenkörper.

19 Konstruierbarkeit mit Zirkel und Lineal

Lernziel.

Fertigkeiten: Zirkel- und Linealkonstruktionen mit Galoistheorie in Zusammenhang bringen

Kenntnisse: Aussagen zur Konstruierbarkeit: Würfelverdoppelung, Quadratur des Kreises, Winkeldreiteilung, regelmäßiges n-Eck

Wir identifizieren $\mathbb{R}^2$ mit dem Körper $\mathbb{C} = \{a+bi \mid a,b \in \mathbb{R}\}$ der komplexen Zahlen. Sei $z = a + bi$ mit $a,b \in \mathbb{R}$. Dann ist $a =: \Re(z)$ der *Realteil* und $b =: \Im(z)$ der *Imaginärteil* von z. Wie üblich setzen wir

$$|z| = \sqrt{a^2 + b^2} \quad \text{und} \quad \bar{z} = a - bi.$$

Sei M eine Teilmenge von $\mathbb{C}$, die mindestens zwei Punkte enthalte, (mit *Punkten* sind hier Elemente von $\mathbb{C}$ gemeint). Wie in 0.4 definiert, sei $\widehat{M}$ die Menge der *aus M mit Zirkel und Lineal konstruierbaren Punkte* in $\mathbb{C}$.

19.1 Konstruktion von Senkrechten und Parallelen

Bemerkung. Es seien g eine Gerade in $\mathbb{C}$, die mindestens zwei Punkte aus $\widehat{M}$ enthalte, $p \in \widehat{M}$ ein Punkt, der nicht auf g liege, und $g^\perp$ die zu g senkrechte Gerade durch p. Dann gelten:

(i) Der Schnittpunkt von g und $g^\perp$ liegt in $\widehat{M}$. Man sagt dazu auch: Der Fußpunkt des Lotes von p auf die Gerade g ist mit Zirkel und Lineal aus M konstruierbar.

(ii) Die Parallele von g durch p ist die Verbindungsgerade zweier Punkte aus $\widehat{M}$.

Beweis. (i): Wir wählen einen Punkt $q \in \widehat{M}$, der auf g aber nicht auf $g^\perp$ liegt, und schlagen einen Kreis um p vom Radius $\overline{pq} := |p - q|$. Dieser Kreis schneidet g in q und in einem weiteren Punkt q'. Es ist $q' \in \widehat{M}$, (da q' durch Operation (2) in 0.4 gewonnen wird). Schlägt man nun Kreise vom Radius $\overline{pq}$ um q und um q', so liegen die beiden Schnittpunkte dieser Kreise auf $g^\perp$ und sind in $\widehat{M}$, (da sie durch Operation (3) in 0.4 gewonnen werden). Der Schnittpunkt von g und $g^\perp$ liegt dann in $\widehat{M}$, (da er durch Operation (1) in 0.4 gewonnen wird).

(ii): Es sei s der Schnittpunkt von g und $g^\perp$, also $s \in \widehat{M}$ nach (i). Der Kreis vom Radius $\overline{sp}$ um p schneidet $g^\perp$ in s und in einem weiteren

Punkt s'. Es ist $s' \in \widehat{M}$, (da s' durch Operation (2) in 0.4 gewonnen wird). Schlägt man nun Kreise vom Radius $\overline{ss'}$ um s und um s', so liegen die Schnittpunkte dieser beiden Kreise auf der Parallelen von g durch p. Sie sind in $\widehat{M}$, (da sie durch Operation (3) in 0.4 gewonnen werden).

□

19.2 Lemma über konstruierbare Punkte

Lemma. *Es gelte* $\{0,1\} \subset M \subset \mathbb{C}$. *Dann hat die Menge* $\widehat{M}$ *aller aus M mit Zirkel und Lineal konstruierbaren Punkte die folgenden Eigenschaften und bildet insbesondere einen Teilkörper von* $\mathbb{C}$.

(1) *Es ist* $i \in \widehat{M}$.

(2) *Ist* $z \in \widehat{M}$, *so sind* $|z|$, $\Re(z)$, $\Im(z)$, $\bar{z} \in \widehat{M}$.

(3) *Sind* $z_1, z_2 \in \widehat{M}$, *so sind* $z_1 + z_2 \in \widehat{M}$ *und* $-z_2 \in \widehat{M}$.

(4) *Sind* $z_1, z_2 \in \widehat{M}$, $z_2 \neq 0$, *so sind* $z_1 z_2 \in \widehat{M}$ *und* $z_2^{-1} \in \widehat{M}$.

Beweis. Die reelle Gerade $\mathbb{R}$ enthält die Punkte $0, 1 \in M$.

(1): Es ist -1 ein Schnittpunkt von $\mathbb{R}$ mit dem *Einheitskreis* $\mathbb{E}$ vom Radius 1 um 0, und daher gilt $-1 \in \widehat{M}$ gemäß der Operation (2) in Abschnitt 0.4. Der Abstand zwischen -1 und 1 ist 2, und daher sind die beiden Schnittpunkte der Kreise vom Radius 2 um 1 und um -1 in $\widehat{M}$ gemäß Operation (3) in 0.4. Die Verbindungsgerade dieser Schnittpunkte ist die imaginäre Achse. Schneidet man diese mit $\mathbb{E}$, so erhält man $i \in \widehat{M}$.

(2): Es ist $|z|$ ein Schnittpunkt der reellen Achse mit dem Kreis um 0 vom Radius $\overline{0z}$. Also ist mit z auch $|z| \in \widehat{M}$. Schreiben wir $z = a + bi$ mit $a = \Re(z)$ und $b = \Im(z)$, so ist a der Fußpunkt des Lotes von z auf $\mathbb{R}$, und daher gilt $a \in \widehat{M}$ nach 19.1. Es ist $\bar{z}$ ein Schnittpunkt des Kreises um a vom Radius $\overline{az}$ mit der Geraden durch z und a, also gilt $\bar{z} \in \widehat{M}$. Wegen (1) erfüllt auch die imaginäre Achse $\mathbb{R}i$ die Voraussetzung an die Gerade g in 19.1, und daher ist $bi \in \widehat{M}$ als Fußpunkt des Lotes von z auf $\mathbb{R}i$. Es ist dann auch $b \in \widehat{M}$ als Schnittpunkt des Kreises um 0 vom Radius $|bi| = |b|$ mit $\mathbb{R}$.

(3): Sind z_1 und z_2 linear unabhängig, so schlage man einen Kreis um z_1 mit Radius $|z_2|$ und einen Kreis um z_2 mit Radius $|z_1|$. Einer der Schnittpunkte der beiden Kreise ist dann Eckpunkt des von z_1 und z_2

aufgespannten Parallelogramms und also gleich $z_1 + z_2$. Hieraus folgt $z_1 + z_2 \in \widehat{M}$. Sind z_1 und z_2 linear abhängig und ist $z_2 \neq 0$, so erhält man $z_1 + z_2$ als Schnittpunkt der Geraden durch 0 und z_2 mit dem Kreis vom Radius $|z_2|$ um z_1. Also ist dann ebenfalls $z_1 + z_2 \in \widehat{M}$. Speziell für $z_1 = 0$ ist $-z_2$ ein Schnittpunkt und liegt daher in $\widehat{M}$.

(4): Nach Definition der Multiplikation in $\mathbb{C}$ ist

$$z_1 z_2 = (a_1 a_2 - b_1 b_2) + (a_1 b_2 + a_2 b_1)i$$

für $z_1 = a_1 + b_1 i$ und $z_2 = a_2 + b_2 i$ mit $a_1, a_2, b_1, b_2 \in \mathbb{R}$. Um $z_1 z_2 \in \widehat{M}$ zu zeigen, ist nach (2) und (3) nur noch zu zeigen, dass $rs \in \widehat{M}$ gilt für alle positiven reellen $r, s \in \widehat{M}$:

Mit s liegt auch si in $\widehat{M}$, wie man erkennt, wenn man einen Kreis vom Radius s um 0 schlägt.

Wir betrachten, wie im linken Dreieck illustriert, die Parallele durch si von der Geraden durch i und r. Deren Schnittpunkt x mit $\mathbb{R}$ liegt in $\widehat{M}$, wie aus 19.1 (ii) folgt.

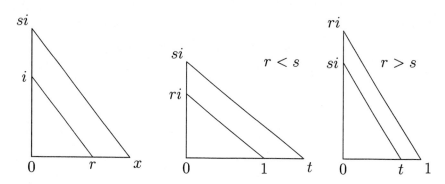

Nach dem Strahlensatz gilt $\dfrac{x}{r} = \dfrac{|si|}{|i|} = \dfrac{s}{1}$ und also $x = rs \in \widehat{M}$.

Um $z_2^{-1} \in \widehat{M}$ zu zeigen, genügt es nach dem Vorangegangenen $r^{-1} \in \widehat{M}$ für alle positiven reellen $r \in \widehat{M}$ zu zeigen, denn es ist $z_2^{-1} = \overline{z_2} \cdot |z_2|^{-2}$. Dies folgt analog aus 20.1 (ii) und dem Strahlensatz. Wie durch die beiden rechten Dreiecke veranschaulicht, gilt danach $\dfrac{s}{r} = \dfrac{t}{1}$ und also $\dfrac{s}{r} \in \widehat{M}$ für alle positiven reellen $r, s \in \widehat{M}$. $\square$

19.3 Wurzeln konstruierbarer Punkte

Satz. *Es gelte $\{0,1\} \subset M \subset \mathbb{C}$. Dann ist der Körper $\widehat{M}$ der aus M mit Zirkel und Lineal konstrierbaren Punkte quadratisch abgeschlossen, d. h. zu jedem Punkt $z \in \widehat{M}$ gehört auch der Punkt $\sqrt{z}$ zu $\widehat{M}$. (Dabei bezeichnet $\sqrt{z}$ eine komplexe Zahl w mit $w^2 = z$.)*

Beweis. Nach 19.2 sind $r := |z|$ sowie $\frac{r}{2}$ und r^{-1} in $\widehat{M}$. Wir stellen $z \neq 0$ in der Form $z = r(\cos\varphi + i\sin\varphi)$ dar, wobei $r > 0$ und $-\pi < \varphi \leqslant \pi$ gilt. Es ist $\sqrt{z} = \pm\sqrt{r}\left(\cos\frac{\varphi}{2} + i\sin\frac{\varphi}{2}\right)$. Da man die Winkelhalbierende stets mit Zirkel und Lineal konstruieren kann, ist nur noch zu zeigen, dass $\sqrt{r}$ in $\widehat{M}$ liegt. Wir betrachten zunächst den Fall $r > 1$. Sei $1 + bi$ mit $b \in \mathbb{R}$ einer der Schnittpunkte des Kreises vom Radius $\frac{r}{2}$ um $\frac{r}{2}$ mit der Parallelen durch 1 zur imaginären Achse. Dann ist $1 + bi \in \widehat{M}$, (nach 19.2, 19.1 und 0.4), und also gilt auch $a := \sqrt{1 + b^2} = |1 + bi| \in \widehat{M}$ nach 19.2.

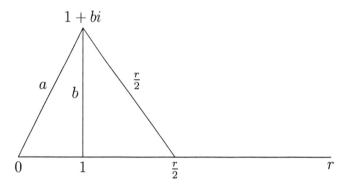

Nach dem Satz von Pythargoras ist $\left(\frac{r}{2} - 1\right)^2 + b^2 = \left(\frac{r}{2}\right)^2$. Hieraus folgt $1 + b^2 = r$ und also $\sqrt{r} = a \in \widehat{M}$. Im Fall $r < 1$ zeigt man analog $\sqrt{r^{-1}} \in \widehat{M}$, woraus dann $\sqrt{r} \in \widehat{M}$ nach 19.2 folgt. □

19.4 Algebraische Formulierung der Konstruierbarkeit

Es sei weiterhin M eine Menge mit $\{0,1\} \subset M \subset \mathbb{C}$ und $\widehat{M}$ der Teilkörper von $\mathbb{C}$ aller aus M mit Zirkel und Lineal konstruierbaren Punkte, vgl. 19.2. Es ist dann $\mathbb{Q}$ ein Teilkörper von $\widehat{M}$, denn $\mathbb{Q}$ ist als Primkörper von $\mathbb{C}$ in jedem Teilkörper von $\mathbb{C}$ enthalten, vgl. 11.6.

Wir setzen $\overline{M} := \{\bar{z} \mid z \in M\}$. Dann ist auch der Körper $\mathbb{Q}(M \cup \overline{M})$ ein Teilkörper von $\widehat{M}$ nach 19.2 (2). Wir zeigen, dass jeder Punkt $z \in \widehat{M}$

in einer Galoiserweiterung dieses Körpers von 2-Potenzgrad enthalten ist. Deren Galoisgruppe ist auflösbar, und wir erhalten dadurch Aussagen über die Lösbarkeit einiger Konstruktionsprobleme.

Satz.
Sei $\{0,1\} \subset M \subset \mathbb{C}$, und sei $K_0 = \mathbb{Q}(M \cup \overline{M})$. Für $z \in \mathbb{C}$ sind dann äquivalent:

(i) *Es gilt $z \in \widehat{M}$.*

(ii) *Es gibt Körpererweiterungen $K_0 \subset K_1 \subset \cdots \subset K_n \subset \mathbb{C}$ mit $z \in K_n$ und $[K_i : K_{i-1}] = 2$ für $i = 1, \ldots, n$.*

(iii) *Es ist z enthalten in einer Galoiserweiterung L von K_0, deren Grad $[L : K_0]$ eine Potenz von 2 ist.*

Beweis. Für einen Teilkörper K von $\mathbb{C}$ sei $\mathcal{G}(K)$ die Menge aller Geraden, die mindestens zwei Punkte von K enthalten, und sei $\mathcal{K}(K)$ die Menge aller Kreise mit Mittelpunkt aus K, deren Radius der Abstand zweier Punkte aus K sind.

(i) $\Longrightarrow$ (ii): Sei K ein Teilkörper von $\mathbb{C}$, der zu jedem $w \in K$ auch die konjugiert komplexe Zahl $\bar{w}$ enthält. Gemäß der Definition in 0.4 der Konstruierbarkeit mit Zirkel und Lineal betrachten wir folgende drei Fälle:

(a) Es ist z ein Schnittpunkt zweier Geraden aus $\mathcal{G}(K)$.

(b) Es ist z ein Schnittpunkt eines Kreises aus $\mathcal{K}(K)$ mit einer Geraden aus $\mathcal{G}(K)$.

(c) Es ist z ein Schnittpunkt zweier Kreise aus $\mathcal{K}(K)$

Wir zeigen, dass in jedem dieser Fälle z in einer Körpererweiterung vom Grad $\leqslant 2$ von K enthalten ist. Durch Induktion folgt daraus die Aussage (ii).

Im Fall (a) gibt es $\lambda, \lambda' \in \mathbb{R}$ und $z_1, z_2, z_1', z_2' \in K$ derart, dass $z_1 + \lambda z_2 = z = z_1' + \lambda' z_2'$ gilt. Da $z_1 \pm \overline{z_1} \in K$ und $z_1 = a_1 + b_1 i$ mit $a_1, b_1 \in \mathbb{R}$ gilt, sind a_1 und $b_1 i$ in K. Analoges gilt für z_2, z_1', z_2', und wir erhalten ein lineares Gleichungssystem in λ, λ' der Form

$$a_1 + \lambda a_2 = a_1' + \lambda' a_2'$$
$$b_1 i + \lambda b_2 i = b_1' i + \lambda' b_2' i$$

mit Koeffizienten $a_k, a_k', b_k i, b_k' i \in K$ für $k = 1, 2$. Es folgt dann $\lambda, \lambda' \in K$ und also auch $z = z_1 + \lambda z_2 \in K$.

19.5 Konstruierbare Punkte haben 2-Potenzgrad

Im Fall (b) habe der Kreis den Mittelpunkt $z_3 = a_3 + b_3 i$ und Radius r.
Der Schnittpunkt $z = z_1 + \lambda z_2$ dieses Kreises mit einer Geraden aus $\mathcal{G}(K)$
erfüllt die Gleichung

$$(\lambda a_2 + a_1 - a_3)^2 - (\lambda b_2 i + b_1 i - b_3 i)^2 = r^2.$$

Dies ist entweder eine lineare oder eine quadratische Gleichung in λ. Im ersten Fall folgt $\lambda \in K$ und daher $z \in K$. Im zweiten Fall erhält man eine Gleichung der Form $\lambda^2 + p\lambda + q$ mit $p, q \in K$, und es folgt $\lambda = -\frac{p}{2} \pm \sqrt{w}$ mit $w = \frac{p^2}{4} - q$. Hieraus folgt $z \in K(\sqrt{w})$.

Im Fall (c) seien die beiden (verschiedenen) Kreise durch die Gleichungen

$$\begin{aligned}(a - a_1)^2 - (bi - b_1 i)^2 &= r^2 \\ (a - a_2)^2 - (bi - b_2 i)^2 &= s^2\end{aligned}$$

gegeben. Subtraktion ergibt $xa + ybi = t$ mit $x, y, t \in K$ und $(x, y) \neq (0, 0)$.
Weil die Mittelpunkte der beiden Kreise verschieden sind, beschreibt diese
Gleichung eine Gerade aus $\mathcal{G}(K)$, die die Kreise in z schneidet. Wir können
nun wie im Fall (b) schließen.

(ii) $\Longrightarrow$ (i): Da $\widehat{M}$ nach 19.2, 19.3 ein quadratisch abgeschlossener Teilkörper von $\mathbb{C}$ ist, gilt diese Implikation.

(ii) $\Longrightarrow$ (iii): Nach 15.9 kann K_n in eine Galoiserweiterung N von K eingebettet werden. Sei $G(N/K) = \{\sigma_1, \ldots \sigma_m\}$ ihre Galoisgruppe, und sei L das Kompositum der Körper $\sigma_1(K_n), \ldots, \sigma_m(K_n)$. Dann ist L galoissch über K_0 nach 16.3, und L entsteht aus K_0 durch sukzessives Ziehen von Quadratwurzeln, weil dies für K_n und alle $\sigma_j(K_n)$ mit $j = 1, \ldots, m$ gilt. Also ist der Grad von L über K_0 eine Potenz von 2, und es ist $z \in L_n \subset L$.

(iii) $\Longrightarrow$ (ii): Die Galoisgruppe $G(L/K_0)$ hat nach 3.3 eine Normalreihe mit Faktorgruppen der Ordnung 2. Dieser Normalreihe entspricht nach dem Hauptsatz der Galoistheorie 16.1 ein Körperturm wie in (ii) verlangt. $\square$

19.5 Konstruierbare Punkte haben 2-Potenzgrad

Korollar. *Sei* $\{0, 1\} \subset M \subset \mathbb{C}$, *und sei* $K_0 = \mathbb{Q}(M \cup \overline{M})$. *Dann ist der Körper* $\widehat{M}$ *aller aus M mit Zirkel und Lineal konstruierbaren Punkte eine algebraische Körpererweiterung von K_0, und für jedes $z \in \widehat{M}$ ist der Grad* $[K_0(z) : K_0]$ *eine Potenz von 2.*

Beweis. Dies folgt unmittelbar aus Satz 19.4 und dem Gradsatz 11.7. $\square$

19.6 Delisches Problem der Würfelverdoppelung

Kann man das Volumen eines Würfels durch Konstruktion mit Zirkel und Lineal verdoppeln? Betrachten wir einen Würfel der Kantenlänge 1, so hat der Würfel doppelten Volumens die Kantenlänge $\sqrt[3]{2}$, und der Punkt $\sqrt[3]{2}$ ist aus $M = \{0,1\}$ mit Zirkel und Lineal zu konstruieren. Dies ist aber nach 19.5 nicht möglich, da $\mathbb{Q}(\sqrt[3]{2})$ den Grad 3 über $\mathbb{Q}$ hat. Das Delische Problem der Würfelverdoppelung ist also nicht lösbar.

19.7 Problem der Quadratur des Kreises

Kann man einen Kreis, der durch Mittelpunkt und Radius gegeben ist, durch Konstruktion mit Zirkel und Lineal in ein Quadrat gleichen Flächeninhalts verwandeln? Der Flächeninhalt des Kreises um 0 vom Radius 1 ist gleich π. Das Quadrat mit dem Flächeninhalt π hat die Seitenlänge $\sqrt{\pi}$. Da π transzendent über $\mathbb{Q}$ ist (wie Lindemann 1882 in der Zeitschrift *Mathematische Annalen* bewiesen hat) und $\widehat{\{0,1\}}$ nach 19.5 eine algebraische Körpererweiterung von $\mathbb{Q}$ ist, ist also das Problem der Quadratur des Kreises nicht lösbar.

19.8 Problem der Winkeldreiteilung

Kann man zu einem Winkel α den Winkel $\frac{\alpha}{3}$ mit Zirkel und Lineal konstruieren? Dieses Problem ist im allgemeinen nicht lösbar.

Beispiele. (1) Der Winkel $\frac{\pi}{3} \stackrel{\frown}{=} 60°$ lässt sich nicht mit Zirkel und Lineal dritteln.

(2) Der Winkel $\frac{\pi}{2} \stackrel{\frown}{=} 90°$ hingegen ist mit Zirkel und Lineal zu dritteln.

Beweis. (1) Aus der Konstruierbarkeit des Winkels von 20° würde die Konstruierbarkeit des Winkels von 40° folgen, und also müsste die primitive 9-te Einheitswurzel $\zeta_9 = e^{2\pi i/9}$ konstruierbar sein.
Es ist aber $[\mathbb{Q}(\zeta_9) : \mathbb{Q}] = \varphi(9) = 6$ nach 17.6 und 17.2 und also keine 2-Potenz im Widerspruch zu 19.5.

(2) Der Punkt $z = \cos\frac{\pi}{6} + i\sin\frac{\pi}{6}$ ist aus $M = \{0,1\}$ mit Zirkel und Lineal konstruierbar, denn es ist $z = \pm\frac{1}{2}\sqrt{3} + \frac{i}{2}$ und also Nullstelle des quadratischen Polynoms $X^2 - iX - 1 \in \mathbb{Q}(i)[X]$. Da $i \in \widehat{M}$ gilt nach 19.2, folgt $z \in \widehat{M}$ aus 19.4 „(ii) $\Rightarrow$ (i)".

$\square$

19.9 Problem der Konstruierbarkeit von regelmäßigen n-Ecken

Lemma. *Sei $n \in \mathbb{N}, n \geqslant 3$. Das regelmäßige n-Eck ist genau dann mit Zirkel und Lineal konstruierbar, wenn $\varphi(n)$ eine Potenz von 2 ist. (Dabei bezeichnet φ die Eulersche φ-Funktion, vgl. 17.2).*

Beweis. Das regelmäßige n-Eck ist genau dann mit Zirkel und Lineal konstruierbar, wenn die primitive n-te Einheitswurzel $\zeta_n = e^{2\pi i/n}$ in $\widehat{M}$ liegt für $M = \{0, 1\}$. Es ist $\mathbb{Q}(\zeta_n)$ galoissch über $\mathbb{Q}$ vom Grad $\varphi(n)$ nach 17.6 und 17.2. Ist $\zeta_n \in \widehat{M}$, so ist $\varphi(n)$ eine Potenz von 2 nach 19.5. Ist umgekehrt $\varphi(n)$ als Potenz von 2 vorausgesetzt, so folgt $\zeta_n = e^{2\pi i/n} \in \widehat{M}$ aus 19.4 „(iii) $\Rightarrow$ (i)". $\square$

Bemerkung. Eine Zahl F_ℓ heißt *Fermatsche Zahl*, wenn sie von der Form $2^{2^\ell} + 1$ ist; zum Beispiel sind $F_0 = 3, F_1 = 5, F_2 = 17, F_3 = 257, F_4 = 65537$ Primzahlen und werden daher *Fermatsche Primzahlen* genannt, aber man weiß, dass die Fermatsche Zahl F_ℓ für $5 \leqslant \ell \leqslant 16$ keine Primzahl ist.

Satz.
Sei $n \in \mathbb{N}, n \geqslant 3$. Das regelmäßige n-Eck ist genau dann mit Zirkel und Lineal konstruierbar, wenn es ein $m \in \mathbb{Z}, m \geqslant 0$, und paarweise verschiedene Fermatsche Primzahlen $p_1, \ldots, p_s$ gibt mit $n = 2^m \cdot p_1 \cdot \ldots \cdot p_s$ oder $n = 2^m$.

Beweis. Sei $n = 2^m \cdot p_1^{m_1} \cdot \ldots \cdot p_s^{m_s}$ die Primzahlzerlegung von n mit paarweise verschiedenen Primzahlen $p_1 \neq 2, \ldots, p_s \neq 2$ und $m_1, \ldots, m_s > 0$. Wie in 17.2 gezeigt wurde, ist dann

$$\varphi(n) = \begin{cases} 2^{m-1} \cdot p_1^{m_1-1}(p_1 - 1) \cdot \ldots \cdot p_s^{m_s-1}(p_s - 1) & \text{falls } m > 0 \\ p_1^{m_1-1}(p_1 - 1) \cdot \ldots \cdot p_s^{m_s-1}(p_s - 1) & \text{falls } m = 0 \end{cases}$$

Also ist $\varphi(n)$ genau dann eine Potenz von 2, wenn $m_1 = \cdots = m_s = 1$ gilt und $p_1 - 1, \ldots, p_s - 1$ Potenzen von 2 sind. Dabei gilt für eine Primzahl $p \neq 2$, dass $p - 1$ genau dann eine Potenz von 2 ist, wenn p eine Fermatsche Primzahl ist. Denn ist $p = (2^{2^\ell})^k + 1$, mit ungeradem $k \in \mathbb{N}$, dann muss $k = 1$ gelten, weil man andernfalls die Primzahl p echt zerlegen könnte in $p = (2^{2^\ell} + 1)((2^{2^\ell})^{k-1} - \cdots + 1)$. Der Satz folgt nun aus dem Lemma. $\square$

Lernerfolgstest.
- Schildern Sie den Zusammenhang von Galoistheorie mit Zirkel- und Linealkonstruktionen.

20 Algebraischer Abschluss eines Körpers

Wir sind bei der Herleitung der Galoistheorie mit dem Begriff des Zerfällungskörpers eines Polynoms ausgekommen. In einigen Algebra-Büchern wird dabei auch noch der algebraische Abschluss eines Körpers hinzugezogen, weil man mit diesem in vielen Teilen der Mathematik sowieso arbeiten muss. Wir werden nun in diesem letzten Paragraphen der Vorlesung den algebraischen Abschluss eines Körpers definieren und seine Existenz und Eindeutigkeit beweisen.

Es sei K ein beliebiger Körper. Ist zudem eine Körpererweiterung L von K vorgegeben, so kann man leicht den *algebraischen Abschluss $\overline{K}$ von K in L* bestimmen, so wie wir es in 12.2 auch schon getan haben. Ist aber L nicht gegeben, so besteht die Schwierigkeit darin, eine geeignete Körpererweiterung überhaupt erst einmal zu finden. Dazu werden wir in 20.3 den Polynomring $K[\mathfrak{X}]$ mit einem System $\mathfrak{X}$ von beliebig vielen Unbestimmten definieren und damit in 20.4 den algebraischen Abschluss nach einer Methode von EMIL ARTIN konstruieren.

20.1 Algebraisch abgeschlossene Körper

Definition. Ein Körper L heißt *algebraisch abgeschlossen*, wenn jedes nicht konstante Polynom aus $L[X]$ eine Nullstelle in L besitzt.

Beispiele. (1) Der Körper $\mathbb{C}$ ist algebraisch abgeschlossen, wie in der Vorlesung *Funktionentheorie* bewiesen wird.

(2) Sei L eine Körpererweiterung eines Körpers K. Wenn L algebraisch abgeschlossen ist, so ist auch der oben erwähnte algebraische Abschluss $\overline{K}$ von K in L algebraisch abgeschlossen. (Denn sei $f \in \overline{K}[X]$ ein nicht konstantes Polynom. Dann hat f eine Nullstelle x in L; diese ist algebraisch über $\overline{K}$ und also auch über K nach 12.3. Es folgt $x \in \overline{K}$.)

(3) Der in 12.2 definierte Körper $\overline{\mathbb{Q}}$ der algebraischen Zahlen ist algebraisch abgeschlossen, wie aus (2) folgt.

Satz. *Für einen Körper K sind folgende Aussagen äquivalent.*

1. *K ist algebraisch abgeschlossen.*

2. *Die irreduziblen Polynome in $K[X]$ sind die Polynome vom Grad 1.*

3. *Jedes Polynom $f \neq 0$ in $K[X]$ besitzt eine Darstellung*
$$f = c(X - x_1)^{k_1} \cdot \ldots \cdot (X - x_n)^{k_n}$$
mit $c \in K$, paarweise verschiedenen $x_1, \ldots, x_n \in K$ und $k_1, \ldots, k_n \in \mathbb{N}$.

20.2 Definition des algebraischen Abschlusses   163

4. *Für jede algebraische Körpererweiterung L von K gilt $L = K$.*

Beweis. 1. $\implies$ 2. Sei f irreduzibel und also nicht konstant. Dann besitzt f nach 1. eine Nullstelle x in K. Nach Lemma 8.2 ist $f = (X - x)g$ mit $\text{grad}(g) = \text{grad}(f) - 1$. Da f irreduzibel ist, folgt $\text{grad}(g) = 0$ und $\text{grad}(f) = 1$, vgl. 6.13.

2. $\implies$ 3. Dies gilt, weil $K[X]$ faktoriell ist, vgl. 8.9.

3. $\implies$ 4. Sei L algebraisch über K und $x \in L$. Da das Minimalpolynom m_x von x irreduzibel und normiert ist, gilt $m_x = X - x$ nach 3. Es folgt $x \in K$.

4. $\implies$ 1. Sei $f \in K[X]$ nicht konstant. Dann gilt $L = K$ für den Zerfällungskörper L von f nach 4. Folglich sind die Nullstellen von f in K. □

20.2 Definition des algebraischen Abschlusses

Eine Körpererweiterung $\overline{K}$ eines Körpers K heißt *algebraischer Abschluss* von K, wenn erstens $\overline{K}$ algebraisch über K ist und wenn zweitens $\overline{K}$ algebraisch abgeschlossen ist.

20.3 Polynomringe in beliebig vielen Unbestimmten

Sei H eine abelsche Halbgruppe, also eine Menge mit einer assoziativen, kommutativen Verknüpfung $H \times H \longrightarrow H$, $(h, h') \mapsto h + h'$, und einem neutralen Element 0, zum Beispiel $H = \mathbb{N}_0$ mit $\mathbb{N}_0 := \mathbb{N} \cup \{0\}$.

Für eine nicht leere Menge I definieren wir H^I als eine Menge von Abbildungen

$$H^I = \{\varphi : I \to H \mid \varphi(i) \neq 0 \text{ für nur endlich viele } i \in I\}.$$

Es ist dann H^I eine Halbgruppe; die Addition ist definiert durch

$$(\varphi + \varphi')(i) := \varphi(i) + \varphi'(i)$$

für alle $i \in I$. Üblicherweise identifiziert man φ mit seinem Bild $\varphi(I)$ und erhält H^I als Menge aller *Familien* $(h_i)_{i \in I}$ mit *Komponenten* $h_i \in H$ und $h_i \neq 0$ für nur endlich viele $i \in I$. Die Addition geschieht dann komponentenweise.

Sei R ein kommutativer Ring, und sei M eine abelsche Halbgruppe. Dann ist die Halbgruppe R^M eine additive abelsche Gruppe, und wir definieren eine Multiplikation auf R^M durch

$$(a_m)_{m \in M} \cdot (b_m)_{m \in M} := \left(\sum_{k+\ell=m} a_k b_\ell\right)_{m \in M}.$$

Damit ist R^M ein kommutativer Ring. Für $m \in M$ sei $X^m := (\delta_{m,n})_{n \in M}$, wobei $\delta_{m,n}$ das *Kronecker-Symbol* sei, also $\delta_{m,n} = 0$ für $m \neq n$ und $\delta_{m,n} = 1$ für $m = n$ gelte. Die Elemente von R^M können dann in der Form $\sum_{m \in M} a_m X^m$ geschrieben werden mit eindeutig bestimmten Koeffizienten $a_m \in R$, die fast alle 0 sind. Addition und Multiplikation lesen sich dann so:

$$\sum_{m \in M} a_m X^m + \sum_{m \in M} b_m X^m = \sum_{m \in M} (a_m + b_m) X^m$$

und $$\sum_{k \in M} a_k X^k \cdot \sum_{\ell \in M} b_\ell X^\ell = \sum_{m \in M} \left(\sum_{k+\ell=m} a_k b_\ell \right) X^m .$$

Es ist X^0 das Einselement von R^M, und vermöge der Identifikation von $a \in R$ mit aX^0 wird R als Unterring von R^M aufgefasst. Wir nennen R^M einen *Polynomring*.

Wir betrachten nun den Spezialfall $M = \mathbb{N}_0^I$ mit $I = \{1, \ldots, n\}$. Dann gilt $m = (m_1, \ldots, m_n)$ mit $m_1, \ldots, m_n \in \mathbb{N}_0$ für jedes $m \in M$. Sei $X_i = X^{(0,\ldots,0,1,0,\ldots,0)}$, wobei die 1 an der i-ten Stelle stehe, für $i = 1, \ldots, n$. Das Monom X^m schreibt sich dann als $X^m = X_1^{m_1} \cdot \ldots \cdot X_n^{m_n}$ und der Koeffizient a_m als $a_m = a_{m_1 \ldots m_n}$ für $m \in M$. Wir schreiben dann $R[X_1, \ldots, X_n]$ anstelle von R^M und nennen $R[X_1, \ldots, X_n]$ den *Polynomring in n Unbestimmten* $X_1, \ldots, X_n$.

Speziell für $n = 1$, also $M = \mathbb{N}_0$, ist $X_1 = X^1 = (0, 1, 0, \ldots)$. Wir setzen dann $X := X^1$ und erhalten den in 6.12 eingeführten Polynomring $R[X]$ in einer Unbestimmten X.

Ist allgemein $M = \mathbb{N}_0^I$ mit einer nicht leeren Menge I, so setzen wir $X_i = X^{\varepsilon_i}$, wobei $\varepsilon_i = (h_j)_{j \in I} \in M$ mit $h_j = \delta_{i,j}$ gilt. Wir schreiben dann für den Ring R^M auch $R[\mathfrak{X}]$ mit $\mathfrak{X} = (X_i)_{i \in I}$ und nennen $R[\mathfrak{X}]$ den *Polynomring in den Unbestimmten* $X_i, i \in I$. Die Elemente von $R[\mathfrak{X}]$ sind dann definitionsgemäß jeweils Polynome in endlich vielen Unbestimmten $X_{i_1}, \ldots, X_{i_n}$, wobei $\{i_1, \ldots, i_n\}$ die endlichen Teilmengen von I durchlaufen, $n \in \mathbb{N}$.

20.4 Existenz des algebraischen Abschlusses

Satz.
Sei K ein Körper. Dann gibt es einen algebraischen Abschluss $\overline{K}$ von K.

Beweis. Jedem Polynom $f \in K[X]$ vom Grad $\geqslant 1$ ordnen wir eine Unbestimmte X_f zu. Dann betrachten wir den Polynomring $K[\mathfrak{X}]$ in den sämtlichen Unbestimmten X_f. Es sei $\mathfrak{J}$ das von allen Polynomen $f(X_f)$

20.5 Eindeutigkeit des algebraischen Abschlusses

erzeugte Ideal in $K[\mathfrak{X}]$, wobei $f(X_f)$ aus f entsteht, indem man in f die Unbestimmte X durch X_f ersetzt.

Wir zeigen zunächst, dass $\mathfrak{I}$ ein echtes Ideal in $K[\mathfrak{X}]$ ist. Andernfalls wäre $1 \in \mathfrak{I}$, und es gäbe eine Gleichung der Form

$$\sum_{i=1}^{n} g_i f_i(X_{f_i}) = 1$$

mit $g_1, \ldots, g_n \in K[\mathfrak{X}]$ und $f_1(X_{f_1}), \ldots, f_n(X_{f_n}) \in \mathfrak{I}$. Ausgehend vom Zerfällungskörper von $f_1 \in K[X]$ konstruieren wir dann induktiv eine Körpererweiterung von K, in der jedes Polynom $f_i \in K[X]$ eine Nullstelle x_i besitzt, $(i = 1, \ldots, n)$. Setzen wir x_i für X_{f_i} in die obige Gleichung ein, erhalten wir den Widerspruch $0 = 1$.

Nach 7.6 ist nun $\mathfrak{I}$ in einem maximalen Ideal $\mathfrak{M}$ von $K[\mathfrak{X}]$ enthalten, und $L_1 := K[\mathfrak{X}]/\mathfrak{M}$ ist ein Körper nach 7.4. Vermöge der kanonischen Homomorphismen $K \hookrightarrow K[\mathfrak{X}] \to L_1$ können wir L_1 als Körpererweiterung von K auffassen, (vgl. Folgerung 6.9). Es ist dann die Restklasse $X_f + \mathfrak{M} \in L_1$ eine Nullstelle von $f \in K[X]$, (dies sieht man analog wie beim Beweis des Satzes von Kronecker 12.4 ein).

Durch Wiederholung dieses Verfahrens erhalten wir induktiv einen Körperturm $K = L_0 \subset L_1 \subset L_2 \subset \ldots$ mit der Eigenschaft, dass jedes nicht konstante Polynom aus $L_n[X]$ eine Nullstelle in L_{n+1} besitzt. Der Körper $L := \bigcup_{n=0}^{\infty} L_n$ ist dann algebraisch abgeschlossen, denn ist $f \in L[X]$ ein nicht konstantes Polynom, so gibt es ein n so, dass $f \in L_n[X]$ ist, (weil f nur endlich viele Koeffizienten $\neq 0$ hat), und also f eine Nullstelle in $L_{n+1} \subset L$ besitzt. Der algebraische Abschluss $\overline{K}$ von K in L ist algebraisch über K gemäß 12.3 und algebraisch abgeschlossen nach 20.1 (2). □

20.5 Eindeutigkeit des algebraischen Abschlusses

Satz.
Sei K ein Körper, und sei $\overline{K}$ ein algebraischer Abschluss von K. Dann lässt sich jede algebraische Körpererweiterung K' von K in $\overline{K}$ einbetten, und je zwei algebraische Abschlüsse von K sind K-isomorph.

Beweis. Wir zeigen mit Hilfe des Zornschen Lemmas 7.5 und des Fortsetzungslemmas 13.1, dass die Inklusion $\iota : K \hookrightarrow \overline{K}$ eine Fortsetzung zu einem Homomorphismus $K' \longrightarrow \overline{K}$ besitzt.

Sei M die Menge aller Paare (Z, σ) mit einem Zwischenkörper $K \subset Z \subset K'$ und einer Fortsetzung von ι zu einem Homomorphimus $\sigma : Z \longrightarrow \overline{K}$. Dann ist M halbgeordnet bezüglich der Relation $(Z,\sigma) \leqslant (Z',\sigma')$, bei der $Z \subset Z'$ gelte und $\sigma' : Z' \longrightarrow \overline{K}$ eine Fortsetzung von σ sei. Es ist $M \neq \emptyset$, da (K, ι) zu M gehört. Sei $N = \{(Z_i, \sigma_i)_{i \in J}\}$ (mit einer Indexmenge J) eine geordnete Teilmenge von M. Setzen wir $\tilde{L} := \bigcup_{i \in J} Z_i$ und $\tilde{\sigma}(x) := \sigma_i(x)$ für $x \in Z_i$, so erhalten wir eine wohldefinierte Fortsetzung $\tilde{\sigma} : \tilde{L} \longrightarrow \overline{K}$ von ι, und das Paar $(\tilde{L}, \tilde{\sigma})$ ist eine obere Schranke für N. Nach dem Zornschen Lemma 7.5 besitzt M ein maximales Element (L, σ). Es ist $L = K'$, denn andernfalls gäbe es ein $x \in K' \setminus L$ und nach 13.1 (da x algebraisch über K ist) eine Fortsetzung $L(x) \longrightarrow \overline{K}$ von σ im Widerspruch zur Maximalität von (L, σ).

Wir haben also eine Fortsetzung $\sigma : K' \longrightarrow \overline{K}$ von ι gefunden, und diese ist injektiv nach Folgerung 6.9.

Ist K' ein algebraischer Abschluss von K, so ist mit K' auch $\sigma(K')$ algebraisch abgeschlossen, und nach 12.3 ist $\overline{K}$ algebraisch über $\sigma(K')$. Mit 20.1 „1. $\implies$ 4." folgt $\overline{K} = \sigma(K')$, und also ist σ dann auch surjektv. $\square$

20.6 Universelle Eigenschaft des Polynomrings

Sei R ein kommutativer Ring, und sei M eine abelsche Halbgruppe. Wir bezeichnen mit R' stets einen kommutativen Ring und nennen eine Abbildung $\sigma : M \longrightarrow R'$ mit $\sigma(m + m') = \sigma(m) \cdot \sigma(m')$ für alle $m, m' \in M$ einen *Morphismus*. Der in 20.3 definierte Polynomring R^M hat dann die folgende *universelle Eigenschaft*.

Satz.
Zu jedem Ringhomomorphismus $\varphi : R \longrightarrow R'$ und zu jedem Morphismus $\sigma : M \longrightarrow R'$ gibt es genau einen Ringhomomorphismus $\Phi : R^M \longrightarrow R'$ mit $\Phi|_R = \varphi$ und $\Phi(X^m) = \sigma(m)$ für alle $m \in M$.

Beweis. Jedes Element aus R^M hat die Form $\sum_{m \in M} a_m X^m$ mit eindeutig bestimmten Koeffizienten $a_m \in R$, die fast alle 0 sind, vgl. 20.3. Wir setzen

$$\Phi(\sum a_m X^m) = \sum \varphi(a_m) \sigma(m)$$

und erhalten dadurch einen Ringhomomorphismus $\Phi : R^M \longrightarrow R'$. Ist nun $\Phi' : R^M \longrightarrow R'$ irgendein Ringhomomorphismus mit $\Phi'|_R = \varphi$ und $\Phi'(X^m) = \sigma(m)$ für alle $m \in M$, so folgt

$$\Phi'(\sum a_m X^m) = \sum \Phi'(a_m X^m) = \sum \Phi'(a_m)\Phi'(X^m) = \Phi(\sum a_m X^m)$$

und damit $\Phi = \Phi'$. $\square$

20.6 Universelle Eigenschaft des Polynomrings

Das folgende Korollar zeigt, dass der Polynomring bis auf einen Isomorphismus durch seine universelle Eigenschaft eindeutig bestimmt ist. Insbesondere haben wir dadurch die Möglichkeit im Fall $M = \mathbb{N}_0^n$ den Polynomring R^M in n Unbestimmten $X_1, \ldots, X_n$ auch als Polynomring $\tilde{R}[X_n]$ in *einer* Unbestimmten über dem Ring $\tilde{R} := R[X_1, \ldots, X_{n-1}]$ zu interpretieren.

Korollar.
Sei S eine kommutative Ringerweiterung von R, und sei $\iota : M \to S$ ein Morphismus. Der Ring S habe die universelle Eigenschaft: Zu jedem Ringhomomomorphismus $\psi : R \to R'$ und zu jedem Morphismus $\tau : M \to R'$ gibt es genau einen Ringhomomorphismus $\Psi : S \to R'$ mit $\Psi|_R = \psi$ und $\Psi \circ \iota = \tau$. Dann gibt es genau einen Ringisomorphismus $\Phi : R^M \tilde{\to} S$ mit $\Phi|_R = \mathrm{id}$ und $\Phi(X^m) = \iota(m)$ für alle $m \in M$.

Beweis. Zur Inklusion $R \hookrightarrow S$ und zu $\iota : M \to S$ gibt es nach dem Satz genau einen Ringhomomorphismus $\Phi : R^M \to S$ mit $\Phi|_R = \mathrm{id}$ und $\Phi(X^m) = \iota(m)$ für alle $m \in M$. Wegen der universellen Eigenschaft von S gibt es zur Inklusion $R \hookrightarrow R^M$ und zum Morphismus $M \to R^M$, $m \mapsto X^m$, genau einen Ringhomomorphismus $\Psi : S \to R^M$ mit $\Psi|_R = \mathrm{id}$ und $\Psi(\iota(m)) = X^m$ für alle $m \in M$. Dann sind $\Phi \circ \Psi : S \to S$ und die Identität $\mathrm{id}_S : S \to S$ zwei Ringhomomorphismen, deren Einschränkung auf R jeweils die Identität ergibt und die beide $\iota(m)$ für jedes $m \in M$ festlassen. Nach Voraussetzung kann es aber nur einen solchen Ringhomomorphismus geben, und es folgt $\Phi \circ \Psi = \mathrm{id}_S$. Da $\Psi \circ \Phi : R^M \to R^M$ und $\mathrm{id}_{R^M} : R^M \to R^M$ zwei Ringhomomorphismen sind, deren Einschränkung auf R jeweils die Identität ergibt und die beide X^m für jedes $m \in M$ festlassen, folgt aus dem Satz, dass $\Psi \circ \Phi = \mathrm{id}_{R^M}$ gilt. □

Literaturverzeichnis

[1] ARTIN, MICHAEL: *Algebra*. Birkhäuser, 1998.

[2] BOSCH, SIEGFRIED: *Algebra*. Springer, 1999.

[3] KERSTEN, INA: *Analytische Geometrie und Lineare Algebra I,II*.
Universitätsverlag Göttingen, 2005/06.

[4] KUNZ, ERNST: *Algebra*. vieweg, 1991.

[5] LANG, SERGE: *Algebra*. Addison-Wesley, 1974.

[6] LORENZ, FALKO: *Einführung in die Algebra I,II*.
B.I. Wissenschaftsverlag, 1990.

[7] MEYBERG, KURT: *Algebra I,II*. Carl Hanser Verlag, 1975/76.

[8] VACHENAUER, P. und MEYBERG, K.: *Aufgaben und Lösungen zur Algebra*. Carl Hanser Verlag, 1978.

[9] STROTH, GERNOT: *Algebra*. de Gruyter, 1998.

[10] VAN DER WAERDEN, BARTHEL: *Algebra, Erster Teil*. Springer, 1966.

Index

abelsche Galoiserweiterung, 136
Abzählformel, 25
Adjunktion, 106
algebraische
    Körperelemente, 109, 111
    Körpererweiterung, 113
algebraischer Abschluss, 114
allgemeine Gleichung, 152
assoziierte Elemente, 81
auflösbare Gruppe, 43
Auflösbarkeit, 43, 48
Auflösung durch Radikale, 145
Automorphismus
    eines Körpers, 127

Bahn, 25, 35
Bahnformel, 25
Basis, 94
Bild $f(U)$, 19

Charakter, 146
Charakteristik, 107
Chinesischer Restsatz, 74, 84

Diedergruppe, 38
disjunkte Zyklen, 50

einfache Gruppe, 34, 43
einfache Körpererweiterung, 111
Einheiten eines Ringes, 58
Einheitswurzel, 139
    primitive, 141
Einheitswurzelkörper, 139
Einsetzungshomomorphismus, 109
Eisensteinpolynom, 90
Eisensteinsches Kriterium, 89
elementar symmetrisch, 151
endlich erzeugte Moduln, 94
endlich erzeugtes Ideal, 61
endliche abelsche Gruppen, 40
endliche Körpererweiterung, 113
endlicher Körper, 124
Erzeugendensystem, 94, 103
    minimales, 104
euklidischer Ring, 78

Faktoren, 43
Faktorgruppe, 19
faktorieller Ring, 82
Faktorring, 71
Fixkörper, 127
freier Modul, 94
Frobenius-Homomorphismus, 137, 138

Galoiserweiterung, 131
Galoisfeld, 124
Galoisgruppe, 130
    einer Gleichung, 145
    eines Polynoms, 145
galoissch, 131

geordnet, 72
Gleichung, reine, 145
größter gemeinsamer Teiler, 79, 83
Grad
    einer Körpererweiterung, 108
    eines Polynoms, 66
Gradabbildung, 78
Gradformeln, 66
Gruppe, 17
    abelsche, 17
    alternierende, 53
    auflösbare, 43, 48
    einfache, 34, 43, 53
    Kleinsche Vierergruppe, 53
    kommutative, 17
    Kommutatorgruppe, 46, 47
    Normalreihe einer, 43
    Permutationsgruppe, 49
    symmetrische, 49
    Zentrum einer, 42
    zyklische, 37
Gruppenhomomorphismus, 18
Gruppenisomorphismus, 18
Gruppenoperation, 25

halbgeordnet, 72
Hauptideal, 61, 68
Hauptidealring, 61, 78, 82
Hauptsatz
    der Galoistheorie, 133
    über endlich erzeugte abelsche
        Gruppen, 98–102
    über endliche abelsche
        Gruppen, 41
    von Schreier, 45
Hilbertscher Basissatz, 67
Homomorphiesatz, 20
    für Ringe, 73
Homomorphismus
    Frobenius, 137, 138
    von Gruppen, 18
    von Ringen, 62, 73, 76

Ideal, 60
    endlich erzeugtes, 61
    Hauptideal, 68
    maximales, 71, 73, 76
    teilerfremd, 73
Index einer Untergruppe, 25
Inhalt eines Polynoms, 86
Integritätsbereich, 58
Integritätsring, 58
irreduzibel, 80
Irreduzibilitätskriterium
    Eisensteinsches, 89
    Substitution, 90
Isomorphismus
    von Gruppen, 18
    von Körpern, 106
    von Ringen, 73

kanonischer Homomorphismus, 22
Kardinalität, 99
Kette, 72
Klassengleichung, 35
Kleiner Satz von Fermat, 125
Kleinsche Vierergruppe, 53
kleinstes gemeinsames Vielfaches,
    79, 83
Kommutator, 46
Kommutatorgruppe, 46
    iterierte, 47
Kompositum zweier Körper, 147
kongruent, 69, 70
Konjugation, 35
Konjugationsklasse, 35
Körper, 105
    der rationalen Funktionen, 64
    der algebraischen Zahlen, 114
    endlicher, 124
    Quotientenkörper, 64
    vollkommener, perfekter, 137

Index

Körpererweiterung, 105
    abelsche, 136
    algebraische, 113
    einfache, 111
    endliche, 113
    galoissche, 131
    separable, 131
    transzendente, 113
    zyklische, 136
Körperisomorphismus, 106
    Fortsetzung, 118
Kreisteilungskörper, 139
Kreisteilungspolynom, 90, 142
Kroneckers Jugendtraum, 144

Leitkoeffizient, 66
Leitterm, 66
Lemma von Zorn, 72
linear abhängig, 103
Linksideal, 60
Linksnebenklasse, 18

Mächtigkeit, 99
maximales Element, 72, 76
maximales Ideal, 71, 80
minimales Erzeugendensystem, 104
Minimalpolynom, 109
Modul über einem Ring, 93
Modulhomomorphismen, 94
multiplikativ abgeschlossen, 63, 71

noethersch, 61, 67, 76
Noetherscher Isomorphiesatz
    Erster, 21
    Zweiter, 22
normale Körpererweiterung, 119
Normalisator, 30
Normalisatorsatz, 30
Normalreihe, 43
    Verfeinerung einer, 44
Normalteiler, 18

Direkte Produkte von, 39
    in p-Gruppen, 36
normiertes Polynom, 66
Nullstellen eines Polynoms, 77
Nullteiler, 58

Operation einer Gruppe, 25
Ordnung
    einer Gruppe, 26
    einer Untergruppe, 32
    eines Elementes, 27, 123

p-Gruppe, 28
p-Sylowgruppe, 28
partiell geordnet, 72
perfekter Körper, 137
Permutation, 49
    gerade, 51
    Signum einer, 51
    ungerade, 51
    Vorzeichen einer, 51
Permutationsgruppe, 49
Polynomring, 65, 164
    Division im, 77
Primelement, 80, 86
Primfaktorzerlegung, 24, 81
Primideal, 71, 76, 80
primitive Einheitswurzel, 141
primitives Element, 120
primitives Polynom, 86
Primkörper, 107

Quaternionenschiefkörper, 58
Quotientenkörper, 64
Quotientenring, 63
    universelle Eigenschaft des, 64

Radikal, 145
Radikalerweiterung, 145
Rang, 99
Rationaler Funktionenkörper, 150
Rechtsideal, 60

Rechtsmodul, 93
Rechtsnebenklasse, 18
Reduktionssatz, 91
reine Gleichung, 145
Relation, 72
Restklasse, 70
Restklassenring, 70, 71
Ring, 57
    faktorieller, 82
    Faktorring, 71
    Integritätsring, 58
    kommutativer, 57
    noetherscher, 67, 76
    Polynomring, 65
    Quotientenring, 63
    Restklassenring, 71
    Unterring, 59
Ringerweiterung, 59
Ringhomomorphismus, 73, 76
Ringisomorphismus, 73

Satz
    von Cauchy, 27
    von Gauß, 88
    von Lagrange, 31
    von Wilson, 126
Schiefkörper, 58
separabel
    Element, 120
    Körpererweiterung, 131
    Polynom, 131
Signum einer Permutation, 51
Stabilisator, 25, 35
stationär, 76
Sylowgruppe, 28, 41
Sylowscher Satz

Dritter, 31
Erster, 26
Zweiter, 29
symmetrische Funktion, 151

Teiler, 79
teilerfremd, 73, 79
Teilkörper, 105
Tensorprodukt, 95
    mit einem freien Modul, 97
    universelle Eigenschaft, 96
    von direkten Summen, 97
Torsionselement, 99
Torsionsuntergruppe, 99
Transposition, 50, 55
transzendente
    Körperelemente, 109
    Körpererweiterung, 113

Untergruppe, 18
Untermodul, 94
Unterring, 59, 68
Urbild $f^{-1}(V)$, 19

Verfeinerung, 44
vollkommener Körper, 137

Zentralisator, 35
Zentrum einer Gruppe, 35, 42
Zerfällungskörper, 115
Zornsches Lemma, 72
Zwischenkörper, 133
Zyklenzerlegung, 50
zyklische
    Galoiserweiterung, 136
    Gruppe, 37
Zyklus, 50